高等学校新工科人才培养系列教材

MATLAB程序设计基础及应用

赵淑红　编著

西安电子科技大学出版社

内 容 简 介

本书是编者根据多年来使用及讲授 MATLAB 语言积累的经验编写而成的，按照从浅至深、由易到难的原则编排，展示了大量实例，可满足 MATLAB 初学者的学习需要。

全书共 10 章，主要内容包括：MATLAB 工作环境及入门、MATLAB 矩阵及数据类型、MATLAB 编程基础、MATLAB 绘图及数据可视化、符号运算、MATLAB 统计函数、MATLAB 多项式运算及插值函数、MATLAB 解方程、MATLAB 文件操作以及 MATLAB 应用实例。

本书既可作为学习 MATLAB 语言的本科生、研究生的入门教材，也可作为已经基本掌握 MATLAB 使用方法的科技工作者的参考书。

图书在版编目(CIP)数据

MATLAB 程序设计基础及应用 / 赵淑红编著. —西安：西安电子科技大学出版社，2023.2 (2024.7 重印)
ISBN 978-7-5606-6758-4

Ⅰ. ①M… Ⅱ. ①赵… Ⅲ. ①Matlab 软件—程序设计 Ⅳ. ①TP317

中国国家版本馆 CIP 数据核字(2023)第 066871 号

策　　划　薛英英
责任编辑　宁晓蓉
出版发行　西安电子科技大学出版社(西安市太白南路 2 号)
电　　话　(029) 88202421　88201467　　邮　　编　710071
网　　址　www.xduph.com　　电子邮箱　xdupfxb001@163.com
经　　销　新华书店
印刷单位　咸阳华盛印务有限责任公司
版　　次　2023 年 2 月第 1 版　2024 年 7 月第 2 次印刷
开　　本　787 毫米×1092 毫米　1/16　印张 10.5
字　　数　242 千字
定　　价　29.00 元
ISBN　978-7-5606-6758-4
XDUP 7060001-2

前　　言

党的二十大报告明确指出："教育、科技、人才是全面建设社会主义现代化国家的基础性、战略性支撑。"这体现了教育、科技、人才在国家现代化建设全局中的重要性。《MATLAB 程序设计基础及应用》正是体现三者融合的重要课程。

本书是以编者多年来的教案为基础编写而成的。对理工类专业的学生来说，编程工具的选择至关重要，好的选择可以达到事半功倍的效果。MATLAB 语言和其他语言相比，语言简单紧凑，语法限制不严，简单易学。如果在科研或学习过程中，需要用编程来验证理论或解决实际问题，通常希望在很短的时间内确定编程思路是否可行，利用 MATLAB 语言包含丰富的库函数的优势，就可以满足快速编程以验证算法，最终帮助使用者找到一种恰当的算法去完成各个环节，避免走弯路。

本书由长安大学研究生教育教学改革项目和朱光明教授科研发展创新基金共同资助出版。非常遗憾，在本书即将出版之际，我的博士导师朱光明教授因病离开人世，没有看到此书问世。

谨以此书献给我最尊敬的导师朱光明先生。

另外，笔者还要感谢我的研究生杨立伟和安文凯为整理本书文稿所付出的劳动。

由于本人水平有限，加之 MATLAB 所涉及内容较广，书中可能还有不足之处，恳请读者批评指正。联系 E-mail：shzhao@chd.edu.cn。

赵淑红

2022 年 9 月

目　　录

第一章　MATLAB 工作环境及入门

MATLAB 是 Matrix Laboratory(矩阵实验室)的缩写，矩阵是 MATLAB 运算的基本单元。MATLAB 将数值分析、矩阵计算、科学数据可视化以及非线性动态系统的建模和仿真等强大功能集成在一个易于使用的视窗环境中，为科学研究、工程设计以及数值计算等提供了一套全面的解决方案，并在很大程度上摆脱了传统非交互式程序设计语言的编辑模式，易学易用。

MATLAB 的核心部分包括 MATLAB 开发环境、MATLAB 语言、MATLAB 数学函数库、MATLAB 图形处理系统和 MATLAB 应用程序接口五大组成部分，包含数百个核心内部函数。

1.1　MATLAB 的工作环境

MATLAB 适用于多种机型和操作系统，本书主要针对 PC 下的 Windows 操作系统。本书以 MATLAB2019a 版本为例进行介绍。图 1.1 所示为 MATLAB 的操作桌面。

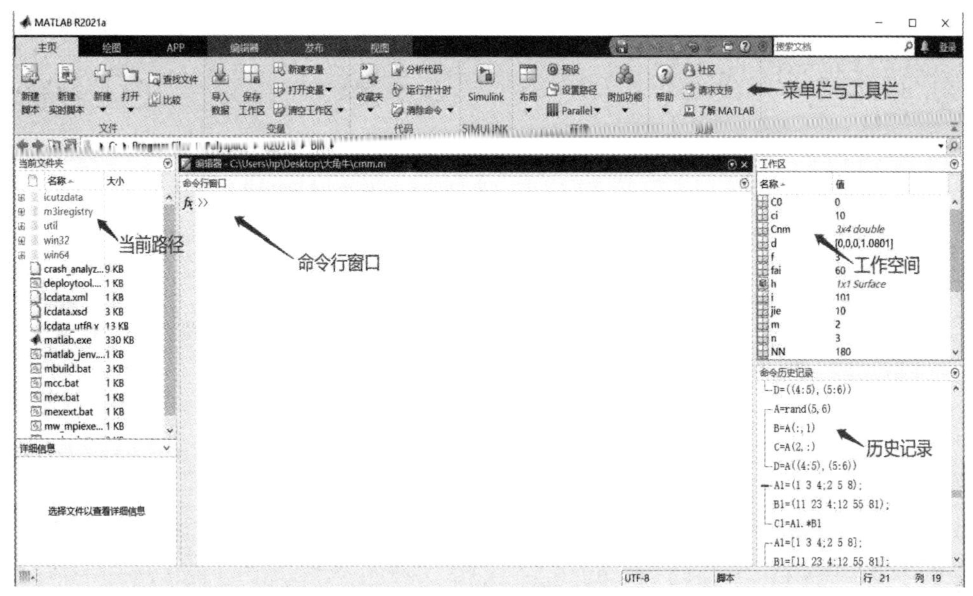

图 1.1　MATLAB 的操作桌面

图 1.1 中各部分说明如下。

(1) 菜单栏与工具栏：常用的操作与工具显示栏。

(2) 当前路径：显示当前 MATLAB 代码保存位置以及该路径下的文件与文件夹。

(3) 命令行窗口：用于输入命令，当输入命令并按下【Enter】键时，软件会自动执行该命令，并给出该命令的结果。

(4) 工作空间：存放所执行程序中涉及的所有变量值的空间，可以在该区域双击某变量名查看其具体的变量表示情况。

(5) 历史记录：记载 MATLAB 启动后的所有命令与代码(光标在命令提示符后通过键盘上下键可查找历史命令)。

1.2　命令行窗口的使用

使用命令行窗口时，应首先激活该窗口。当出现命令提示符“>>”与闪烁的光标时就表明系统已就绪，等待命令的输入。

例 1.1　计算表达式$\left[12+2.4\sin\frac{\pi}{6}\right]\div 3.25^2$的值。

【代码】

```
>> (12+2.4*sin(pi/6))/3.25^2
```

运行过程如图 1.2 所示。

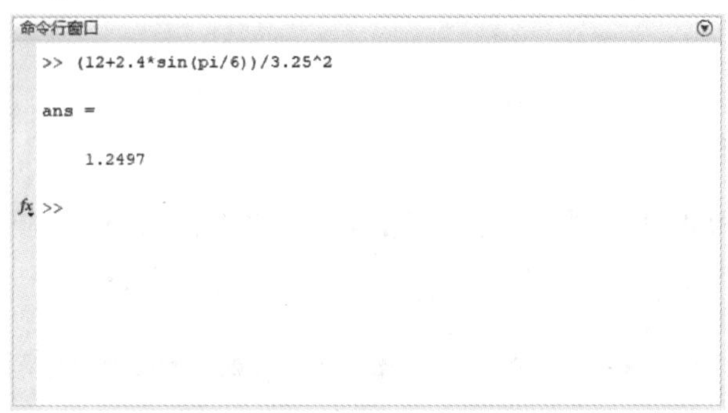

图 1.2　在命令行窗口下运行过程展示

【运行结果】

```
ans =

    1.2497
```

【说明】

(1) 在命令行窗口按【Enter】键提交命令并执行。

(2) MATLAB 所用运算符(如+、-、^等)是各种计算程序中常见的运算符。

(3) 计算结果中的“ans”是英文“answer”的缩写，其含义是“运算答案”。“ans”是 MATLAB 的一个预定义变量。

例 1.2　计算 sin(45°)。

【代码】

```
>> sin(45*pi/180)
```

【运行结果】

```
ans =
    0.7071
```

【说明】

MATLAB 中正弦函数 sin 就是常见的正弦函数，它的输入参数值是以“弧度”为单位的。pi 是 MATLAB 的预定义变量，pi = 3.14159…。MATLAB 对字母大小写是很敏感的。

例 1.3　计算$\left(\sqrt{2e^{x+0.5}+1}\right)$的值，其中 $x = 4.92$。

【代码】

```
>> sqrt(2*exp(4.92+0.5)+1)
```

【运行结果】

```
ans =
    21.2781
```

【说明】

sqrt 是英文 square root 的缩写，sqrt(x)是 MATLAB 中的平方根函数。exp(x)是 MATLAB 中的指数函数，也是常见的数学表达方式。MATLAB 中很多函数名和数学表达方式一致，这也是 MATLAB 语言方便使用的一种体现。

1.3　命令行窗口常用命令

在命令行窗口中，经常用到下列命令，以清除窗口或内存空间，或者显示工作空间的信息。

1. clc 命令

在命令提示符>>后直接输入 clc 命令，即可清除命令窗口中显示的内容。

2. clear 命令

在命令提示符>>后直接输入 clear 命令，即可清除工作空间显示的变量。

3. who/whos 命令

在命令提示符>>后直接输入 who/whos 命令，即可显示工作空间变量信息。

1.4　MATLAB 帮助系统

MATLAB 为用户提供了非常完整的帮助系统。用户有效地使用帮助系统所提供的信息，是掌握 MATLAB 应用的最佳途径之一。

1. 进入帮助窗口

进入帮助系统的方式有以下 3 种：

(1) 单击 MATLAB 主窗口工具栏中的 Help 按钮。

(2) 在命令行窗口中输入 helpwin、helpdesk、doc 或 demo。

(3) 选择 Help 菜单中的“MATLAB Help”选项。

2. 帮助命令的使用方式

帮助命令的使用方式有以下 5 种：

(1) 在命令提示符后直接输入 help 命令，将会显示最近运行的函数或文件的帮助。

(2) 在命令提示符后直接输入 help+函数名，则会显示该函数的帮助说明。

例如：

```
>> help sqrt
```

显示结果如图 1.3 所示。

```
命令行窗口
>> help sqrt
sqrt - 平方根

   此 MATLAB 函数 返回数组 X 的每个元素的平方根。对于 X 的负元素或复数元素，sqrt(X) 生成复数结果。

   B = sqrt(X)

   另请参阅 nthroot, realsqrt, sqrtm

fx >>
```

图 1.3　利用 help 命令查询 sqrt 函数

(3) 如果不知道具体的函数名，但是知道与该函数相关的某个关键字，则可以使用 lookfor 命令进行查找。

如果想使用某个与关键字 sqrt 有关的函数，可以使用下面的代码进行查找：

```
>>lookfor sqrt
```

显示结果如图 1.4 所示。

```
命令行窗口
>> lookfor sqrt
scale_fgft                  - This function removes the sqrt(nh) factor from forward transformed FGFT
realsqrt                    - Real square root.
sqrt                        - Square root.
sqrtm                       - Matrix square root.
sqrtm_tbt                   - Square root of 2x2 matrix from block diagonal of Schur form.
sqrtm_tri                   - Square root of quasi-upper triangular matrix.
sqrt                        - Overload element-wise square root for DataMatrix object.
realsqrt                    - Real square root of codistributed array
sqrt                        - Square root of codistributed array
realsqrt                    - Real square root of gpuArray
sqrt                        - Square root of gpuArray
fi_sqrtlookup_8_bit_byte    - Square root
cordicsqrt                  - CORDIC-based square root.
eml_fisqrt_helper           - Helper function for fixed-point square root
sqrt                        - Square root of fi object, computed using a bisection algorithm
gsqrt                       - Generalized square root.
sqrtm                       - Matrix square root.
sqrtm                       - Matrix square root.
vsqrtm                      - function out = vsqrtm(mat)
sqrtrcosine                 - Construct a square root raised cosine pulse shaping filter designer.
pssqrtrcosmin               - Construct an PSSQRTRCOSMIN object.
pssqrtrcosnsym              - Construct an PSSQRTRCOSNSYM object.
pssqrtrcosord               - Construct an PSSQRTRCOSORD object.
sqrtrcosmin                 - Construct a SQRTRCOSMIN object
sqrtrcoswin                 - Construct a SQRTRCOSWIN object
signIm                      - correction factor for sqrt(z.^2)/z
signIm                      - correction factor for sqrt(z.^2)/z
signIm                      - correction factor for sqrt(z.^2)/z
sqrt                        - Symbolic matrix element-wise square root.
sqrtm                       - Matrix square root.
fx >>
```

图 1.4　利用 lookfor 命令查询 sqrt 函数

(4) 借助 Tab 键，显示函数名全称。

如果忘记函数名的拼写，可以借助 Tab 键，显示命令提示符后面输入的字符开始的所有函数名。

以查询 sqr 开始的函数为例，先在命令提示符后输入 sqr，再按 Tab 键，显示结果如图 1.5 所示。

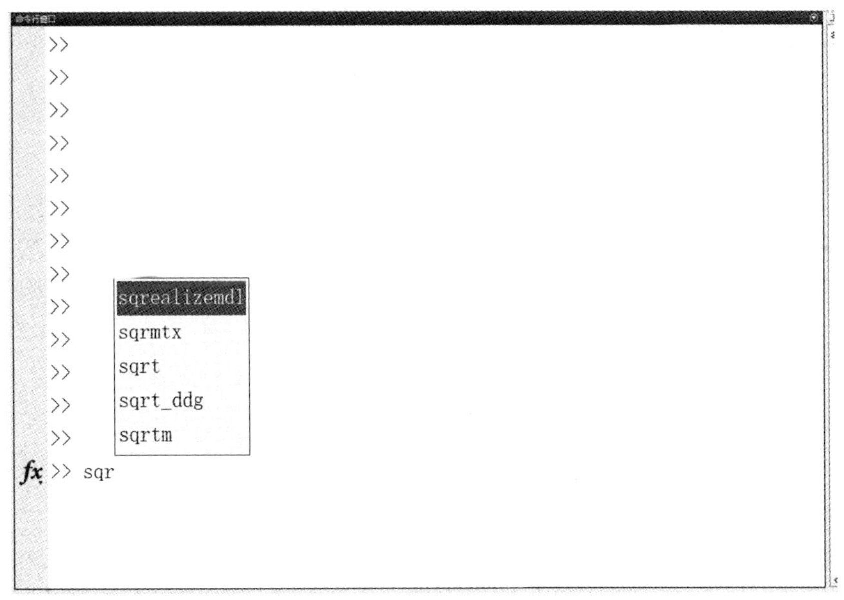

图 1.5　利用 Tab 键查询以 sqr 开始的函数

(5) 借助命令提示符左侧的 *fx*，查找 MATLAB 的函数名。

利用鼠标左键点击 *fx*，显示结果如图 1.6 所示，继续点击 *fx*，找到函数名，如图 1.7 所示。

图 1.6　点击命令提示符>>左侧的 *fx* 的显示结果

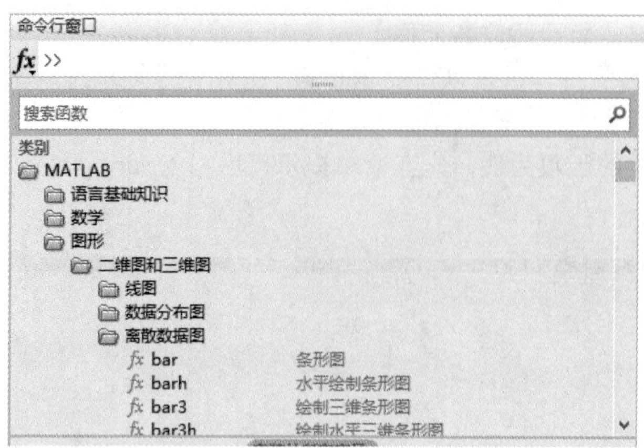

图 1.7　点击命令提示符>>左侧的 *fx* 显示的函数名

1.5　退出和保存工作空间

在执行 MATLAB 语句或程序时，变量通常显示在工作空间，如果退出 MATLAB 系统，工作空间的变量将被清除。因此，借助 save 函数，可以把需要的变量保存下来。如果需要将变量调入 MATLAB，可以借助 load 函数。

1. save 函数

调用格式 1：

save

功能：将工作区所有变量保存在 matlab.mat 文件中。

调用格式 2：

save [文件名] [变量名]

功能：将指定的变量保存在指定的文件中。

例如：

```
>>save temp x y z
```

把 x、y、z 这 3 个变量保存在文件 temp.mat 中。注意变量之间用空格隔开。

2. load 函数

调用格式 1：

load

功能：将 matlab.mat 文件中的变量装入 MATLAB 空间。

调用格式 2：

load [文件名] [变量名]

功能：从指定文件中将指定的变量装入 MATLAB 的工作空间。

例如：

```
>>load temp x
```

只将 temp.mat 文件中的变量 x 装入 MATLAB 的工作空间。

1.6　常用日期和时间的操作函数

1. datestr 函数

datestr 函数可将日期数字转换为日期字符串，如图 1.8 所示。

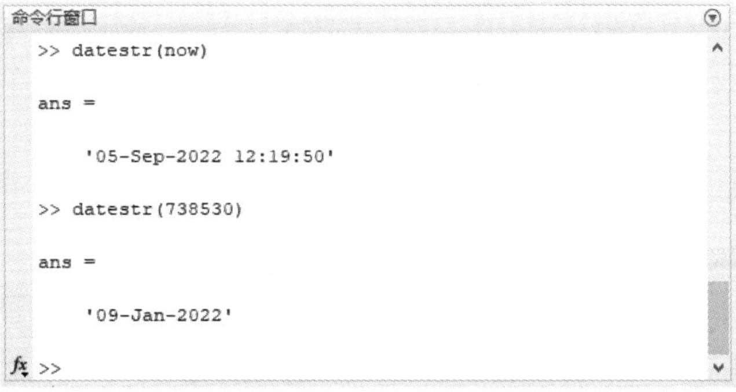

```
命令行窗口
>> datestr(now)

ans =

    '05-Sep-2022 12:19:50'

>> datestr(738530)

ans =

    '09-Jan-2022'

fx >>
```

图 1.8　日期数字转为日期字符串实例

2. datenum 函数

datenum 函数可将日期字符串转换为日期数字，如图 1.9 所示。

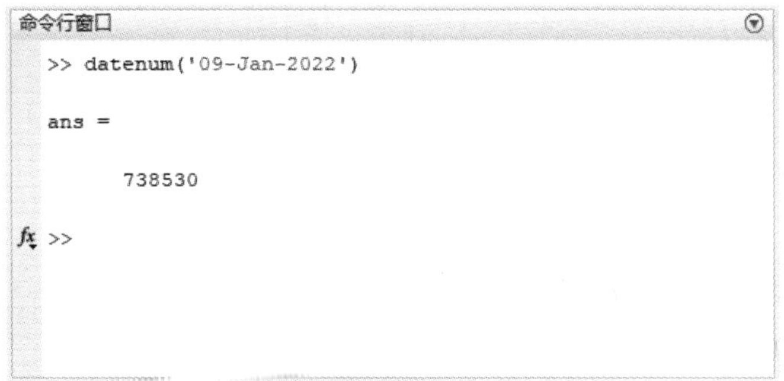

图 1.9　日期字符串转为日期数字实例

3. datevec 函数

datevec 函数可将日期字符串转换为向量，如图 1.10 所示。

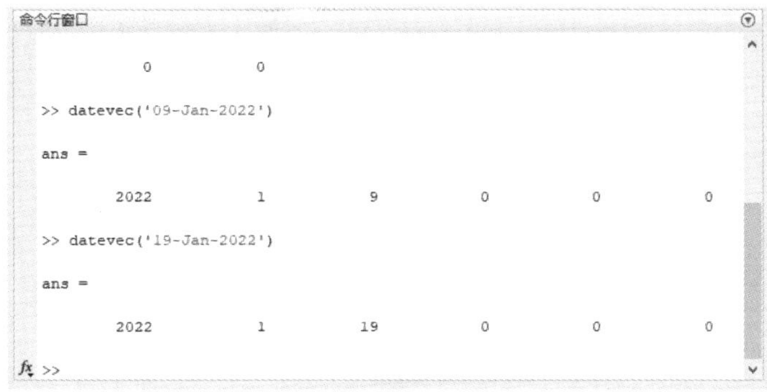

图 1.10　日期字符串转换为向量实例

4. weekday 函数

weekday 函数可计算星期数，如图 1.11 所示。

```
命令行窗口
>> datevec('5-Sep-2022')

ans =

        2022           9           5           0           0           0

>> weekday('5-Sep-2022')

ans =

     2

>>
>>
```

图 1.11　根据给定日期转换为星期实例

5. eomday 函数

eomday 函数可计算指定月份的最后一天，如图 1.12 所示。

```
命令行窗口
>> eomday(2022,8)

ans =

    31

>> eomday(2022,9)

ans =

    30

>>
>>
```

图 1.12　根据给定年月显示本月最后一天实例

6. calendar 函数

calendar 函数可显示日历矩阵，如图 1.13 所示。

```
命令行窗口
>> calendar(2022,9)
                    Sep 2022
     S     M    Tu     W    Th     F     S
     0     0     0     0     1     2     3
     4     5     6     7     8     9    10
    11    12    13    14    15    16    17
    18    19    20    21    22    23    24
    25    26    27    28    29    30     0
     0     0     0     0     0     0     0

>>
>>
>>
>>
```

图 1.13　根据给定年月显示本月日历实例

7. clock 函数

clock 函数可获取当前时间，如图 1.14 所示。

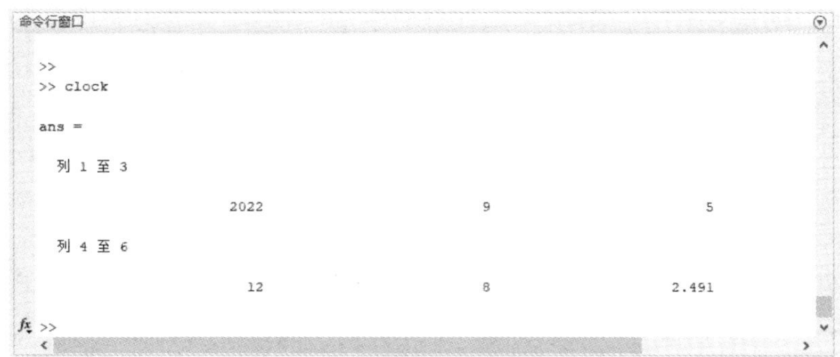

图 1.14　获取当前时间实例

8. date 函数

date 函数可获取当前日期的字符串，如图 1.15 所示。

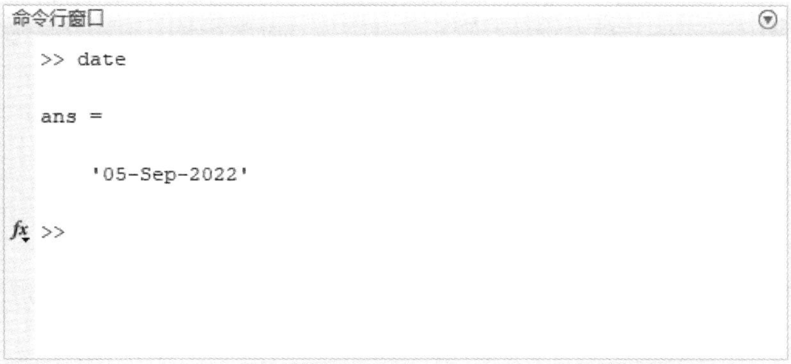

```
命令行窗口
>> date

ans =

    '05-Sep-2022'

fx >>
```

图 1.15　获取当前日期字符串实例

9. now 函数

now 函数可获取当前日期和时间的序列数，如图 1.16 所示。

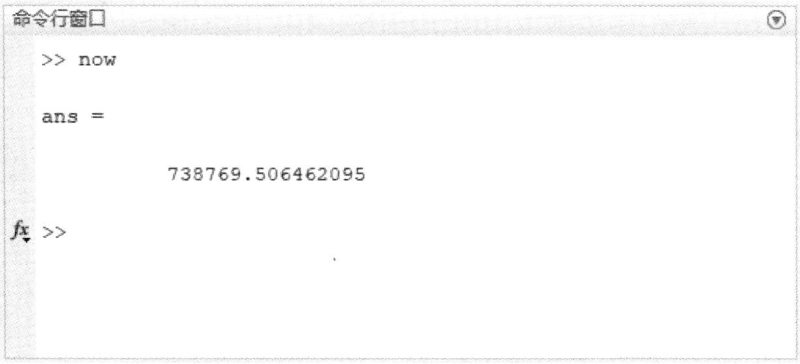

```
命令行窗口
>> now

ans =

          738769.506462095

fx >>
```

图 1.16　获取当前日期和时间序列数实例

第二章 MATLAB 矩阵及数据类型

在 MATLAB 中，数据存取操作的基本单元是矩阵，即数组(和数学上的说法稍有区别)。在运算时，其运算规则也是按照数组设计的，而不仅仅限于标量。本章首先介绍矩阵的创建规则及矩阵元素的存取方法，接下来讲解 MATLAB 的数据类型。

2.1 MATLAB 矩阵

在 MATLAB 的编程中，矩阵的输入方法、生成特殊矩阵的函数以及矩阵部分元素的提取均属于最基础的内容，也是必须掌握的知识点。

2.1.1 矩阵输入

MATLAB 的操作对象为矩阵，标量可看作 1 × 1 的矩阵，向量看作 1 × n 或 n × 1 的矩阵。一般矩阵的输入有以下几种方法：

(1) 直接输入矩阵的元素：如果矩阵元素个数较少，则采用直接输入的方式。其约定如下：

① 元素之间用空格或逗号间隔；

② 用中括号[]把所有元素括起来；

③ 用分号(；)指定行结束，大矩阵可分成几行输入，回车符代替分号。

(2) 如果矩阵元素值之间有某种关系或者有某种规律，可以利用内部语句或函数产生矩阵，常用的函数如表 2.1 所示。

表 2.1 MATLAB 常用生成矩阵的函数

函 数	调 用 格 式	函 数 介 绍
zeros	zeros(n);zeros(m,n)	生成零矩阵
magic	magic(n);magic(m,n)	生成魔方矩阵
ones	ones(n);ones(m,n)	生成元素全是“1”的矩阵
eye	eye(n);eye(m,n)	生成单位矩阵
rand	rand(n);rand(m,n)	生成均匀分布的随机数矩阵
randn	randn(n);randn(m,n)	生成正态分布的随机数矩阵
linspace	linspace(x1,x2,n)	生成线性间隔的向量
logspace	logspace(y1,y2,m)	生成对数间隔的向量

续表

函　数	调 用 格 式	函 数 介 绍
meshgrid	meshgrid(x,y);meshgrid(x); meshgrid(x,y,z)	生成三维数据所需的网格数据
compan	compan(a)	生成伴随矩阵，a 须为向量
pascal	pascal(n,k)	生成 n 阶 Pascal 矩阵
hilb	hilb(a)	生成 a 阶希尔伯特矩阵，其中元素 a_{ij} 为 1/(i + j − 1)
invhilb	invhilb(a)	生成 a 阶希尔伯特矩阵的逆矩阵

① 以 zeros 函数为例，如果输入一个变量 n，如 zeros(3)，则生成 3 × 3 的零矩阵；如果输入两个变量 m 和 n，如 zeros(4，5)，则输出结果为 4 × 5 的零矩阵。表 2.1 中其他函数 magic、ones、eye、rand 以及 randn 的用法和 zeros 相同。

例 2.1　利用内部函数生成矩阵。

【代码】

```
>>a=zeros(2,3)
>>b=magic(5)
>>c=pascal(5,1)
```

【运行结果】

```
a =
     0     0     0
     0     0     0
b =
    17    24     1     8    15
    23     5     7    14    16
     4     6    13    20    22
    10    12    19    21     3
    11    18    25     2     9
c =
     1     0     0     0     0
     1    -1     0     0     0
     1    -2     1     0     0
     1    -3     3    -1     0
     1    -4     6    -4     1
```

注：P1 = pascal(n)：返回 n 阶帕斯卡矩阵。P 是一个对称正定矩阵，其整数项来自帕斯卡三角形。P2 = pascal(n,1)：返回帕斯卡矩阵的下三角 Cholesky 因子(最高到列符号)。

② linspace 函数和 logspace 函数的使用。

调用格式：

linspace(x1,x2,n)

功能：在 x1 和 x2 之间生成 n 个数的等差数列。

调用格式：

logspace(y1,y2,m)

功能：在 y1 和 y2 之间生成 m 个数，其对数是等差数列。

例如：

```
>> linspace(1,7,4)
```

【运行结果】

```
ans =
     1     3     5     7
```

又如：

```
>> logspace(1,5,3)
```

【运行结果】

```
ans =
            10          1000        100000
```

③ 冒号运算符(：)的使用。冒号运算符和 linspace 的功能相似，也是生成等差数列。

调用格式：

a:b:c

功能：产生一个由等差序列组成的向量。a 是首项，b 是公差，c 确定最后一项，若 b =1，则 b 和其前面的冒号可以省略。

(3) 如果元素个数多，或者元素已经保存在某个文件中，可以根据文件(见第九章)读取方式将外部数据装入指定矩阵。

2.1.2 矩阵元素

1. 矩阵元素的形式

在输入矩阵时，可以采用任意形式的表达式。

例如：

```
>>x=[-1.3 sqrt(3) (1+2+3)*4/5]
```

【运行结果】

```
x =
   -1.3000    1.7321    4.8000
```

2. 矩阵下标

利用矩阵的下标可直接输入/修改矩阵元素，并且自动修改其大小。

例如：

```
>> x(3)
```

【运行结果】

```
ans =
    4.8000
```

如果输入的下标大于矩阵的长度，则自动扩展矩阵大小。

例如：

```
>> x(5)=3
```

【运行结果】

```
x=
   -1.3000      1.7321      4.8000         0      3.0000
```

3. 矩阵元素

矩阵元素的提取，即从大矩阵中抽取小矩阵。

矩阵的存取是按列进行的。以二维矩阵为例，其编码有单序号编码和全下标编码。编码方式如图 2.1 所示。方格中右上的小字指示矩阵存取的顺序。

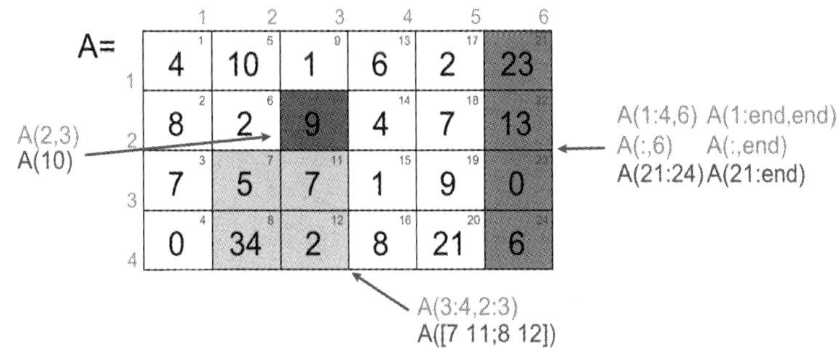

图 2.1 矩阵编码及矩阵提取示意图

除了图 2.1 所指示的矩阵提取方法，还可以按照下面的格式提取矩阵中的元素。

(1) A(:)：矩阵 A 的所有元素。

(2) A(:,:)：矩阵 A 的所有元素，和 A(:)的显示方式有别。A(:)的结果是包含矩阵 A 的所有元素的列向量，其元素值是按矩阵的第 1 列到最后一列依次取值；A(:,:)的结果是取矩阵 A 的所有元素，并且输出矩阵的大小和 A 矩阵的大小相同。

(3) A(:,k)：矩阵 A 的第 k 列。

(4) A(k:m)：矩阵 A 的第 k 到第 m 个元素。

(5) A(:,k:m)：矩阵 A 的第 k 到第 m 列组成的子矩阵。

例如：

```
>> z=[1 2 3;4 5 6];
>> zz=z(:,1:2)              %表示抽取 z 的所有行，1 到 2 列以构成新矩阵
```

【运行结果】

```
zz =
    1      2
    4      5
```

4. 复数矩阵的输入

```
>>a=[1 2]+i*[3 4]
```

【运行结果】

```
a =1.0000 + 3.0000i     2.0000 + 4.0000i
```

还可以利用下列方式创建复数矩阵：

```
>> a=[1+3i  2+4i]
```

【运行结果】

```
a=1.0000 + 3.0000i    2.0000 + 4.0000i
```

2.1.3 多维数组

通常，把 MATLAB 中的一维数组称为向量，二维数组称为矩阵。当表示三维或很多形状相同的二维数组时，可用多维数组表示，通常将数组的维数大于 2 时的数组统称为多维数组。

对于三维数组，它的表示方式为：

(1) 用第一个下标表示数据的行数，即数据的第一个维数。

(2) 用第二个下标表示数据的列数，即数据的第二个维数。

(3) 用第三个下标表示数据的页数，即数据的第三个维数。

例 2.2 创建一个三维数组。

【代码】

```
>>A=[1 2 3;4 5 6;7 8 9];B=[2 5 7;5 1 8;9 3 1];
>>C(:,:,1)=B
>>C(:,:,2)=A
```

【运行结果】

```
C =
      2    5    7
      5    1    8
      9    3    1
C(:,:,1) =
      2    5    7
      5    1    8
      9    3    1
C(:,:,2) =
      1    2    3
      4    5    6
      7    8    9
```

2.1.4 数组的变形

在数组元素总个数不变的前提下，函数 reshape 可以改变数组的行数和列数。

例 2.3 把一个三维数组变形为二维矩阵。

【代码】

```
>>A=[1 2 3;4 5 6;7 8 9];B=[2 5 7;5 1 8;9 3 1];
>>C(:,:,1)=B;
>>C(:,:,2)=A;
>>D=reshape(C,[2 9])
```

【运行结果】

```
D =
     2     9     1     7     1     4     2     8     6
     5     5     3     8     1     7     5     3     9
```

2.2 MATLAB 的数据类型

MATLAB 的数据类型主要有数值类型、字符型、稀疏型、元胞型、结构型等。其中最常使用的是数值类型和字符型，稀疏型用于稀疏矩阵，单元型和结构型用于编写大型软件。

2.2.1 数值类型

MATLAB 数值类型包括整型和浮点型，其中浮点型又包括单精度型和双精度型。默认的数值类型是双精度浮点型。realmax('double')和 realmax('single')是分别返回双精度浮点和单精度浮点的最大值，realmin('double')和 realmin('single')是分别返回双精度浮点和单精度浮点的最小值。MATLAB 有 8 种整数类型，一般通过整型函数将浮点型数据转换为整型数据，整型函数如表 2.2 所示。

表 2.2 整数类型转换函数

函数名称	有无符号	占用的字节
int8	有符号	1 个字节
int16	有符号	2 个字节
int32	有符号	4 个字节
int64	有符号	8 个字节
uint8	无符号	1 个字节
uint16	无符号	2 个字节
uint32	无符号	4 个字节
uint64	无符号	8 个字节

双精度和单精度的区别如下：

(1) 双精度型(double)：双精度在计算机中用 8 个字节存储。双精度表示的数值范围比单精度表示的数值范围大。

(2) 单精度型(single)：单精度在计算机中用 4 个字节存储。单精度转换为双精度，数值大小不受影响。双精度转换为单精度，数值大小可能会发生改变。

用 double 函数和 single 函数可以实现两种浮点型数据之间的转换。

2.2.2 字符型

1. 字符数组的定义

字符数组就是字符串，字符串中的每一个字符在系统内部都相应地表示一个数值。字符与字符数组非常重要，MATLAB 具有非常强的处理字符的能力。

2. 字符数组的创建

(1) 直接创建字符数组的方法：

例 2.4 分别创建一行字符串和一个二维字符数组。

一行字符串的创建如下：

```
>>a='You are welcome!'
>>size(a)
```

【运行结果】

```
a =
    You are welcome!
ans =
      1     16
```

二维字符数组创建如下：

```
>> a=['sss';'bbb']
```

【运行结果】

```
a =
    sss
    bbb
```

(2) 利用 char 函数创建字符数组的方法如下：

```
>> A=char('abc','efgh','mnpjq')
```

【运行结果】

```
A =
  3 × 5 char 数组
    'abc'
    'efgh'
    'mnpjq'
```

利用函数 char 创建二维字符数组时，输入变量中的每行字符串长度不必相同，输出二维字符数组时，char 函数可以自动地在较短的字符串中加上一定数量的尾部空格，使其与最长字符串的长度相等。如果要用直接输入的方法创建二维数据，则要保证每行字符的长度相同。因此，用 char 函数创建二维字符数组比较方便。

例如：

```
>> B=['abc'; 'efgh'; 'mnpjq']
```

【运行结果】

```
要串联的数组的维度不一致
```

上述显示的出错信息表示输入不符合规定。

如将上述代码改为：

```
>> B=['abc  '; 'efgh '; 'mnpjq']   %字符 c 后加两个空格，字符 h 后加一个空格
```

【运行结果】

```
B =
  3 × 5 char 数组
    'abc  '
    'efgh '
    'mnpjq'
```

3. 与字符串相关的函数

(1) 用来显示字符串的函数 disp。

例如：

```
>>disp('Hello')
```

【运行结果】

```
Hello
```

(2) 判断一个变量是否为字符型数组的函数 class 或 ischar。

例 2.5　与字符串相关的函数使用实例。

【代码】

```
>>a='University';
>>x=class(a)
>>y=ischar(a)
```

【运行结果】

```
x =
    char
y =
   1
```

(3) 字符与数值的相互转换函数如下：

① 函数 double 将一个字符串转换为一个数值。

② 函数 char 将数值转换为字符串。

前面提到，利用 char 函数可以创建字符数组，这里又说 char 函数可以将数值转换为字符串，这是因为 MATLAB 的某些函数具有重载功能，同名函数根据输入参数的列表(特

征标)不同，可以实现的功能也不相同。

例 2.6　将字符串的每个字符转为 ASCII 码值，或将 ASCII 码值转为字符串。

【代码】

```
>>s='Good morning! '
>>s1=double(s)
>>s2=char(s1)
```

【运行结果】

```
s =
   Good morning!
s1 =
    71   111   111   100    32   109   111   114   110   105   110   103    33
s2 =
   Good morning!
```

(4) 字符串的比较函数如下：

① 函数 strcmp 可以判别两个字符串是否相等。

② 函数 strncmp 用来判别两个字符串的前 n 个字符是否相等。

例 2.7　比较字符串 s1 和 s2 是否相等。

【代码】

```
>>s1='glisten';s2='glitter';
>>a1=strcmp(s1,s2)
>>a2=strncmp(s1,s2,3)
```

【运行结果】

```
a1 =
     0
a2 =
     1
```

2.2.3　稀疏型

含有大量 0 的矩阵称为稀疏矩阵。稀疏矩阵只存储矩阵中的非 0 元素。

例如：

```
>>speye(4)
```

【运行结果】

```
ans =
     (1,1)        1
     (2,2)        1
     (3,3)        1
     (4,4)        1
```

2.2.4　元胞型

把不同类型的数据存储在一起的数组称为元胞数组，又称单元数组。元胞数组中的每个元素可以是任意一种数据类型，通常可以将类型、大小不同的数据组合在一起。如矩阵 a，第一个位置的值为标量，第二个值为字符串，第三个值为数组。

1. 创建元胞数组的方式

(1) 用赋值语句直接创建，创建方式如下：

```
>> a={1, 'good',[1 2 3]}
```

【运行结果】

```
a =
    [1]     'good'     [1 × 3 double]
```

(2) 用 cell 函数预先分配存储空间，然后为每个元素逐一赋值，分配方式如下：

① c = cell(n)：函数 cell 生成一个 n × n 维的空数组。

② c = cell(m,n)：函数 cell 生成一个 m × n 维的空数组。

③ c = cell(size(A))：函数 cell 生成一个和所包含的数组 A 阶数完全相同的空数组。

例 2.8　利用 cell 函数创建空元胞数组。

【代码】

```
>>A=eye(2)
>>c=cell(size(A))
```

【运行结果】

```
A =
    1   0
    0   1
c =
    []   []
    []   []
```

例 2.9　创建元胞数组并赋值。

【代码】

```
>>D=cell(1,3)
>>D{1,1}='Good'; D{1,2}=[1 2;4 5];D{1,3}=1+4i;
>>D
```

【运行结果】

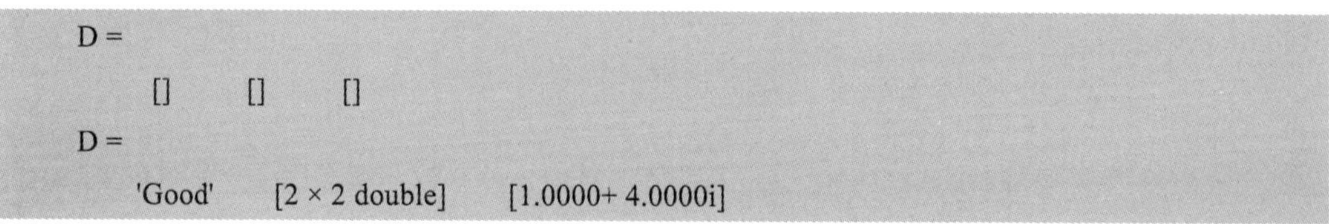

```
D =
    []     []     []
D =
    'Good'     [2 × 2 double]     [1.0000+ 4.0000i]
```

(3) 按照下标位置创建元胞数组时，元胞数组的下标用圆括号括起来，等号右边是元胞数组的值，用花括号括起来。

例如：

```
>>Aa(1,1)={[ 'GOOD']};Aa(1,2)={200};Aa(2,1)={5-6i};Aa(3,2)={[1 2;4 5]}
```

【运行结果】

```
Aa =
  3 × 2 cell  数组
    {'GOOD'            }    {[        200]}
    {[5.0000 - 6.0000i]}    {0×0 double}
    {0 × 0 double      }    {2×2 double}
```

2. 元胞数组的显示

(1) 直接显示，方式如下：

```
>>Aa                              %以矩阵方式显示元胞值
```

【运行结果】

```
Aa =
    'GOOD'                    [            200]
    [5.0000 - 6.0000i]                      []
                     []       [2 × 2 double]
```

(2) 利用函数 celldisp 显示元胞数组，方式如下：

```
>>celldisp(Aa)              %显示每个下标对应的值
>>celldisp(Aa, 'Bb')        %以变量名 Bb 显示每个下标对应的值
```

【运行结果】

```
Aa{1,1} =
GOOD
Aa{2,1} =
   5.0000 - 6.0000i
Aa{3,1} =
     []
Aa{1,2} =
   200
Aa{2,2} =
     []
Aa{3,2} =
     1     2
     4     5
Bb{1,1} =
GOOD
Bb{2,1} =
```

```
    5.0000 - 6.0000i
Bb{3,1} =
      []
Bb{1,2} =
    200
Bb{2,2} =
      []
Bb{3,2} =
      1      2
      4      5
```

(3) 利用图形显示元胞数组，显示方式如下：

```
>>cellplot(Aa)
```

运行结果如图 2.2 所示。

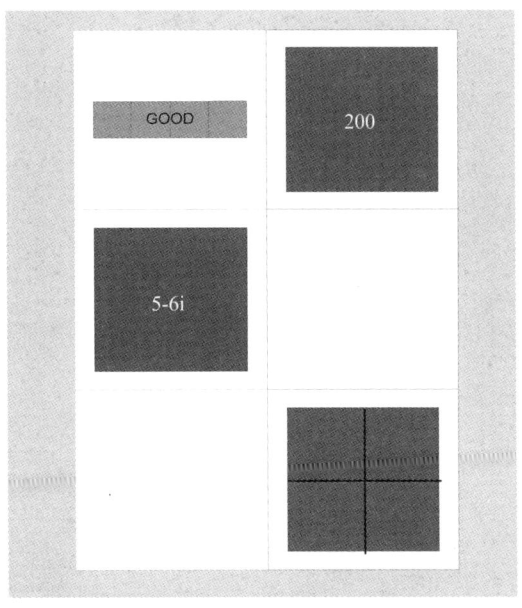

图 2.2　元胞数组的图形显示

3. 元胞数组的运算

下面一组命令主要展示元胞数组的创建、赋值以及元胞数组元素的运算。

【代码】

```
>>X=cell(2,3)
>>X{1,2}='Welcome';
>>X{1,3}=ones(4);
>>X{2,3}=[1 2 3;4 5 6;7 8 9]
>>Da=sum(X{1,3})                    %对 X{1,3}的值求和
```

```
>>Db=sum(X{2,3})              %对 X{2,3}的值求和
```

【运行结果】

```
X =
      []      []      []
      []      []      []
X =
      []    'Welcome'     [4 × 4 double]
      []             []     [3 × 3 double]
Da =
      4      4      4      4
Db =
     12     15     18
```

4. 元胞数组的变形

【代码】

```
>>E=reshape(X,1,6)
>>cellplot(E)
```

【运行结果】

```
E =
  1×6 cell 数组
    {0×0 double}    {0×0 double}    {'Welcome'}    {0×0 double}
    {4×4 double}    {3×3 double}
```

图 2.3 为变形后的图形显示。

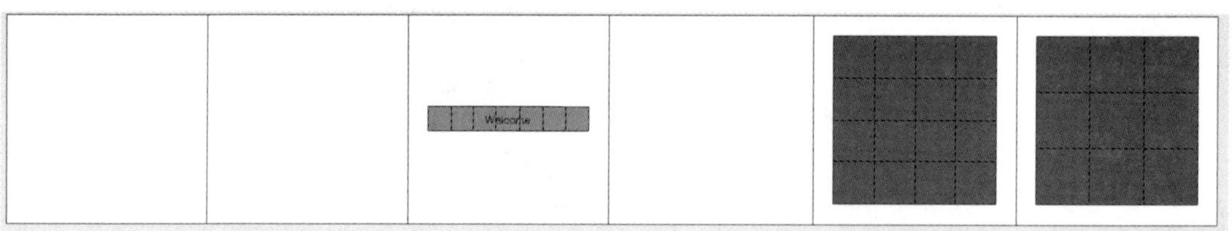

图 2.3　元胞数组变形后的图形显示

5. 字符型元胞数组

由于字符矩阵要求矩阵的每一行的长度相等，因此需要在字符串的尾端加入空格，在读取的时候，又常常将末尾的空格去掉，很不方便。而单元数组却可以允许不同的单元内有不同类型和长度的数据，这样就比较方便。

利用函数 cellstr 将标准的字符型数组转换为字符型单元数组。

例如：

```
>>ne=['aaa'; 'bb'];
>>cellstr(ne)
```

【运行结果】

```
ans =
    'aaa'
    'bb'
```

2.2.5 结构型

结构数组也可以把不同类型的数组存储在一起，但结构数组中数据的存放格式和数据库的记录相似。结构数组中不同类型的数组是通过不同的域名来区分的。

在 MATLAB 的结构数组中，每个元素是由不同的数据类型组成的。不同数据类型的元素分别存放在不同的数据区域里，称为结构数组的域。

1. 建立结构数组

(1) 利用函数 struct 建立结构数组，创建方式如下：

s=struct('field 1',values 1, 'field 2',values 2,…)

例如：

```
>>sxx=struct('name',{ 'zhao', 'Li', 'wang'},'age',{20,21,29},'address',[ 'chd'])
>>sxx(1)
>>sxx(2)
```

注意：所有的 address 都赋相同的值 'chd'。

(2) 利用赋值语句直接生成结构数组 sss，语句如下所示：

```
>>sss.name='zhou';
>>sss.age='10';
>>sss.address='chd';
>>sss
>>sss.name='zhao'
>>sss(3).address='chang an'
```

【运行结果】

```
sss =
  包含以下字段的 struct:
        name: 'zhou'
         age: '10'
     address: 'chd'
sss =
  包含以下字段的 struct:
        name: 'zhao'
         age: '10'
     address: 'chd'
sss =
```

```
  包含以下字段的 1×3 struct 数组:
    name
    age
    address
```

2. 对结构数组的操作

通过函数 fieldnames 可以直接获得结构数组中的所有域名，返回值是一个字符型单元数组，包括结构数组中的域名。

例如：

```
>>fieldnames(sss)
```

【运行结果】

```
ans =
    'name'
    'age'
    'address'
```

3. 结构数组的相关函数

(1) 利用函数 getfield 获取结构数组中某个域的内容。

例如：

```
>>getfield(sss(3), 'address')
```

【运行结果】

```
ans =
    'chang an'
```

(2) 利用函数 setfield 设置结构数组中某个域的内容。

例如：

```
>>setfield(sss(2), 'name', 'wang')
```

【运行结果】

```
ans =
  包含以下字段的 struct:
       name: 'wang'
        age: []
    address: []
```

(3) 利用函数 rmfield 删除结构数组的域。

例如：

```
>>rmfield(sss(3), 'age')
```

【运行结果】

```
ans =
```

```
包含以下字段的 struct:
      name: []
   address: 'chang an'
```

(4) 利用函数 isfield 判断某个变量域是不是一个结构数组的域。

例如：

```
>>isfield(sss, 'add')
```

【运行结果】

```
ans =
    logical
    0
```

(5) 利用函数 isstruct 判断某个变量域是不是一个结构数组。

例如：

```
isstruct(sss)
```

【运行结果】

```
ans =
   logical
    1
```

2.3　MATLAB 的数值类型的显示格式

format 是 MATLAB 控制输出格式的函数，以 pi 值为例，不同的调用格式显示的结果不同。

(1) format short：默认格式，小数点后保留 4 位，pi 显示为 3.1415。

例如：

```
>> format short
>> pi
```

【运行结果】

```
ans =
     3.1415
```

(2) format long：小数点后有效数字保留 15 位，pi 显示为 3.141592653589793。

例如：

```
>> format long
>> pi
```

【运行结果】

```
ans =
    3.141592653589793
```

(3) format shortE：小数点后有效位数 4 位，pi 显示为 3.1416e + 00。

例如：

```
>> format shortE
>> pi
```

【运行结果】

```
ans =
    3.1416e+00
```

(4) format longE：小数点后有效位数 15 位，pi 显示为 3.141592653589793e + 00。

例如：

```
>> format longE
>> pi
```

【运行结果】

```
ans =
     3.141592653589793e+00
```

(5) format shortG：总有效位数 5 位，pi 显示为 3.1416。

例如：

```
>> format shortG
>> pi
```

【运行结果】

```
ans =
     3.1416
```

(6) format longG：总有效位数 15 位，pi 显示为 3.14159265358979。

例如：

```
>> format longG
>> pi
```

【运行结果】

```
ans =
          3.14159265358979
```

(7) format shortEng：小数点后有效位数 4 位，pi 显示为 3.1416e + 000。

例如：

```
>> format shortEng
>> pi
```

【运行结果】

```
ans =
     3.1416e+000
```

(8) format longEng：有效位数 15 位，pi 显示为 3.14159265358979e + 000。

例如：

```
>> format longEng
>> pi
```

【运行结果】

```
ans =
     3.14159265358979e+000
```

(9) format +：只给出正负，pi 显示为+。

例如：

```
>> format +
>> pi
```

【运行结果】

```
ans =
     +
```

(10) format bank：保留两位小数位，pi 显示为 3.14。

例如：

```
>> format bank
>> pi
```

【运行结果】

```
ans =
     3.14
```

(11) format hex：16 进制表示，pi 显示为 400921fb54442d18。

例如：

```
>> format hex
>> pi
```

【运行结果】

```
ans =
   400921fb54442d18
```

(12). format rat：以最小分数表示，pi 显示为 355/113。

例如：

```
>> format rat
>> pi
```

【运行结果】

```
ans =
       355/113
```

第三章　MATLAB 编程基础

MATLAB 语言是边解释边执行，它包含控制语句、函数、数据结构、输入和输出等，具有面向对象编程的特点。

MATLAB 语言是基于 C++语言的基础上编写，因此语法特征与 C++语言极为相似，而且更加简单，更加符合科技人员对数学表达式的书写格式。

3.1　程序设计原则及命名规则

不同语言的程序设计原则是不同的，MATLAB 语言也有其特定的设计原则。

3.1.1　MATLAB 程序设计原则

(1) 设置完整的路径。对于程序中使用的文件名和变量名，系统按照以下顺序搜索：① 查找对象是不是工作空间的变量；② 查找对象是不是系统的内部函数；③ 查找对象是不是在系统的当前目录下。

路径设置的方法：① 在命令窗口下使用 cd 命令设置路径；② 在菜单栏下的 Current directory 下设置路径。

(2) 参数值要集中放在程序的开始部分，便于维护。

(3) 注意分号(；)在编写程序时的作用。某行程序代码后如输入分号(；)，则执行该行的结果不会显示在屏幕上，如不输入分号(；)，则执行程序行的结果会显示在屏幕上。

在调试程序时，每行的结尾通常不加分号，这样，程序运行的中间结果会显示在屏幕上，对我们检查程序的正误可以提供帮助。在程序调试结束后，加上分号，可减少程序运行的时间。

(4) 百分号(%)后的内容是注释行。注释的起始位置没有特定要求，对于大型程序来说，注释行是必不可少的。

(5) 如果程序代码在一行中放不下，则可以在行末键入三个点(…)，指示下一行为续行。

(6) 编程时遇到不明白的函数或命令，多使用在线帮助命令或系统演示示例。

(7) 尽量使程序模块化，采用主程序调用子程序的方法，将所有子程序合并在一起来执行全部的操作。

3.1.2　命名规则

1. 变量命名规则

(1) 变量名要区分字母的大小写。

(2) 变量名不超过 N 个字符，N 的大小与硬件有关，由 namelengthmax 返回确定 N。

(3) 变量名必须以字母打头，后面可以是字母、数字或下划线。

(4) 尽量避免使用内部函数名作为变量名。

2. 常用的几个特殊变量

(1) ans：在没有定义变量名时，系统默认的变量名。

(2) pi：圆周率对应的变量名。

(3) eps：浮点数相对精度，计算时的容许误差。

(4) Inf 或 inf：表示无穷大(1/0)的变量名。

(5) NaN 或 nan：表示不定值(0/0 或 Inf/Inf)的变量名。

(6) i，j：表示虚数单位的符号。

(7) NARGIN：表示函数输入参数的个数。

(8) NARGOUT：表示函数输出参数的个数。

(9) version：存放 MATLAB 版本的变量。

(10) realmax：本计算机能表示的最大浮点数的变量。

(11) realmin：本计算机能表示的最小浮点数的变量。

3.1.3　常见的内部函数

在编写程序时要留意各种内部函数(命令) 的书写格式，自定义函数名或文件名一定不能与系统内部的函数名同名，免得引起不必要的麻烦；MATLAB 中内部函数的命名和数学书中的写法非常相似，使用非常方便，如以下函数名。

1. 三角函数

(1) 三角函数(默认输入弧度)：sin、cos、tan、sec。

(2) 反三角函数(默认输出弧度)：asin、acos、atan、asec。

(3) 三角函数(默认输入角度)：sind、cosd、tand、secd。

(4) 反三角函数(默认输出角度)：asind、acosd、atand、asecd。

例如：

```
>> a=sin(pi/4)
```

【运行结果】

```
a =
```

```
    0.7071
```

如果计算角度的三角函数，调用方式为：

```
>> b=cosd(45)
```

【运行结果】

```
b =
    0.7071
```

2. 基本数学函数

(1) exp：以 e 为底的指数。
(2) log：计算自然对数。
(3) log10：计算以 10 为底的对数。
(4) sqrt：求平方根。
(5) abs：求绝对值或复数模。
(6) image：求虚部。
(7) real：求实部。
例如：

```
>> a=log(3)
```

【运行结果】

```
a=
    1.0986
```

又如：

```
>> b=exp(a)
```

【运行结果】

```
b =
    3.0000
```

3.1.4　MATLAB 程序的基本组成部分

MATLAB 程序按照语句的编写顺序，由上至下包括：
(1) %(说明部分)。
(2) 清除命令(可选)。
(3) 定义变量(局部变量和全局变量)。
(4) 按照顺序行执行的命令语句。
(5) 控制语句部分：① 控制语句开始；② 控制语句体；③ 控制语句结束。
(6) 其他命令(如绘图等)。

3.1.5　MATLAB 程序的运行方式

MATLAB 程序的运行方式是编程人员直接在命令窗口中输入语句并按回车符就可执行命令，这种方式适用于简单程序，通常需要 2～3 行语句即可实现的情况。如果是包含多条语句的程序，一般是将这些语句保存到 M 文件中，再在命令提示符下输入文件名，就可执行 M 文件中的各行语句。

3.2 运 算 符

运算符是程序的基本元素之一。MATLAB 的运算符包含三大类，即算术运算符、关系运算符及逻辑运算符。

下面详细介绍各种运算符的使用方法。

3.2.1 算术运算符

1. 算术运算符的种类

基础算术运算符包括：加(+)、减(−)、乘(*)和点乘(.*)、除(/和\，./和.\)、乘方(^和.^)、转置(' 和 . ')。

算术运算符按照操作方式可分为两类：矩阵运算和数组运算(忽略之前矩阵即数组的说法，在此仅表示不同的运算方式)。矩阵运算按照线性代数的规则进行运算，数组运算是数组对应元素间的运算。

2. 算术运算符的运算规则

算术运算符的运算规则是从左到右，先乘除后加减，乘方运算符最高。具体运算规则如下：

(1) 两矩阵加(+)或减(−)：要求两矩阵的维数相同，进行加减运算时，按照对应元素进行加减。

(2) 矩阵与标量加(+)或减(−)：用矩阵中的每个元素与标量进行加减运算。

(3) 两矩阵相乘(*)：要求前一矩阵的列等于后一矩阵的行，与数学上两矩阵相乘的约定相同。

(4) 矩阵与标量相乘：用矩阵中的每个元素与标量进行相乘。

(5) 矩阵中元素对元素的相乘(.*)：要求两矩阵的维数相同，相乘时是两个矩阵 A、B 对应位置元素($a_{ij} \cdot b_{ij}$)相乘的运算。

(6) 矩阵中元素对元素的相除(./，.\)：要求两矩阵 A、B 的维数相同，相除时是两个数组对应位置元素间的运算。如果是 A./B，运算结果按照 A、B 矩阵对应位置上的元素值相除(a_{ij} / b_{ij})取值，如果是 A.\B，按照 b_{ij} / a_{ij} 取值。

(7) 矩阵中元素对元素的乘方(.^)：若 z = x.^y，x,y 均为向量，则 $z(i) = x(i)^{y(i)}$；若 x 为向量，y 为标量，则 $z(i) = x(i)^y$；若 x 为标量，y 为向量，则 $z(i) = x^{y(i)}$。

(8) 左除运算符(/)：可以求解 X × A = B 这种形式的方程组的解，X = B/A = B × inv(A)，inv 是矩阵求逆函数。

(9) 右除运算符(\)：可以求解 A × X = B 这种形式的方程组的解，X = A\B = inv(A) × B。

3.2.2 关系运算符

1. 关系运算符的种类

关系运算是用来判断两个操作数关系的运算，所有关系运算符连接的两个操作数要求同维、同大小，或者其中一个为标量。返回的结果是和数组同维的逻辑类型数组，如果满足指定的关系，返回 1，否则返回 0。

关系运算符包括：小于(<)、小于等于(<=)、大于(>)、大于等于(>=)、等于(==)、不等于(~=)。

例如：

```
>> A=[4 1 7];B=[10 0 8];
>> C=A>B
```

【运行结果】

```
C =
  1 × 3 logical 数组
   0   1   0
```

又如：

```
>> D=A~=B
```

【运行结果】

```
D =
  1 × 3 logical 数组
   1   1   1
```

2. 与关系运算有关的函数

(1) find 函数：用来查找满足条件的数值所在的位置。

```
>> y=[1 2 3 4 5];
>> find(y>3)
```

【运行结果】

```
ans =
     4     5
```

(2) isnan 函数：用来检测是否含有 NaN(非数值)。

isnan(x)：如 x 为 NaN，结果为 1。

例如：

```
>>x=[1 nan 0];
>> isnan(x)
```

【运行结果】

```
ans =
  1 × 3 logical 数组
   0   1   0
```

3.2.3 逻辑运算符

1. 逻辑运算符的种类

逻辑与(&)、逻辑或(|)、逻辑非(~)、逻辑异或(xor)、短路逻辑与(&&)、短路逻辑或(||)。

2. 逻辑运算符的运算规则

(1) 所有逻辑运算符连接的两个操作数要求维数相同，或者其中一个为标量。

(2) 逻辑运算符都是对元素的操作，每个非零元素都当作“1”处理，逻辑运算的结果是由 1 和 0 构成的矩阵。

(3) 短路运算首先判断第一个运算对象，如果可以知道结果，就直接返回，既提高了程序的运算效率，也可以避免一些不必要的错误，但短路运算只能对标量值执行逻辑与和逻辑或运算。

3. 逻辑运算符的使用方法

逻辑运算符的使用方法就是对矩阵 A 和 B 进行逻辑与运算(A&B)、逻辑或运算(A|B)、逻辑非运算(~A)、逻辑异或运算 xor(A，B)；对标量 a 和 b 进行短路逻辑与运算(a&&b)、短路逻辑或运算(a||b)。

例如：

```
>> A =[1   2   3];B =[1   0   0];
>> C=xor(A,B)
```

【运行结果】

```
C =
  1 × 3 logical 数组
    0    1    1
```

4. 与逻辑运算有关的函数

(1) 函数 all 的使用方法如下：

① 当输入变量 x 为向量时：

c = all(x)，若 c = 1，则向量 x 中全为非零元素，若 c = 0，则向量 x 中含有零元素。

例如：

```
>> x=[1 2 0 5];
>> c=all(x)
```

【运行结果】

```
c =
  logical
    0
```

② 当输入变量 A 为矩阵时：

c = all(A)，若 c(i) = 1，则表示矩阵 A 的第 i 列元素全为非零元素，若 c(i) = 0，则表示矩阵 A 的第 i 列元素含有非零元素。

例如：

```
>> A=[2 3 0;1 7 9;1 0 5];
>> c=all(A)
```

【运行结果】

```
c =
  1 × 3 logical 数组
   1   0   0
```

(2) 函数 any 的使用方法如下：

① 当输入变量 y 为向量时：

d = any(y)，若 d = 1，则向量 x 中含有非零元素，若 d = 0，则向量 x 中全为零元素。

例如：

```
>> y=[7 1 0 2 6];
>> d=any(y)
```

【运行结果】

```
d =
  logical
   1
```

② 当输入变量 B 为矩阵时：

d = any(B)，若 d(i) = 1，表示矩阵 B 的第 i 列元素含有非零元素，若 d(i) = 0，表示矩阵 B 的第 i 列元素全为零元素。

例如：

```
>> B=[3 1 9;4 2 7;0 1 0];
>> d=any(B)
```

【运行结果】

```
d =
  1 × 3 logical 数组
   1   1   1
```

(3) 函数 isempty(x)的使用：

用来判断矩阵是否为空的函数。

例如：

```
>> x=[];
>> isempty(x)
```

【运行结果】

```
ans =
     1
```

(4) 函数 isfinite(x)的使用方法：

对应 x 中有限大小元素的位置取 1，其余元素取 0。

例如：

```
>> x=[1 2 inf 4];
>> y=isfinite(x)
```

【运行结果】

```
y =
  1 × 4 logical 数组
   1   1   0   1
```

(5) 函数 isinf(x)的使用方法：

对应 x 中无穷大元素的位置取 1，其余元素取 0。

例如：

```
>> x1=[nan 2 inf 4];
>> y1=isinf(x1)
```

【运行结果】

```
y1 =
  1 × 4 logical 数组
   0   0   1   0
```

(6) 函数 isletter(x)的使用方法：

对应 x 中英文字母元素的位置取 1，其余元素取 0。

例如：

```
>> M='fd123ui';
>> isletter(M)
```

【运行结果】

```
ans =
  1 × 7 logical 数组
   1   1   0   0   0   1   1
```

3.3 MATLAB 的文件

MATLAB 语言是一种交互式语言，执行语句时是边解释边执行。对初学者来说，通常会在命令窗口中的命令提示符下(>>)执行语句，这种方式比较快捷，适用于语句较少并且不需要保留语句的情况下使用。除此之外，还需要把语句保留在文件中。MATLAB 环境下的文件创建由专门的编辑器完成，文件保存时，后缀是以.m 为扩展名，这个文件称为 M 文件。

3.3.1 创建新的 M 文件

为建立新的 M 文件，启动 MATLAB 文本编辑器的方法如下：

(1) 菜单操作：从 MATLAB 主窗口选择主页菜单项，再选择新建脚本，屏幕上将出现 MATLAB 文本编辑器窗口。

(2) 命令操作：在 MATLAB 命令窗口输入命令 edit，启动 MATLAB 文本编辑器后，输入 M 文件的内容并存盘。

(3) 命令按钮操作：单击 MATLAB 主窗口工具栏上的 New M-File 命令按钮，启动

MATLAB 文本编辑器后，输入 M 文件的内容并存盘。

3.3.2　打开已有的 M 文件

打开已有的 M 文件，方法如下：

(1) 菜单操作：从 MATLAB 主窗口的 File 菜单中选择 Open 命令，则屏幕出现 Open 对话框，在 Open 对话框中选中所需打开的 M 文件。在文档窗口可以对打开的 M 文件进行编辑修改，编辑完成后，将 M 文件存盘。

(2) 命令操作：在 MATLAB 命令窗口输入命令“edit + 文件名”，则打开指定的 M 文件。

(3) 按钮操作：单击 MATLAB 主窗口工具栏上的 Open File 命令按钮，再从弹出的对话框中选择所需打开的 M 文件。

3.3.3　M 文件的分类

M 文件可以根据调用方式的不同分为两类：命令文件(Script File)和函数文件(Function File)。它们的扩展名均为 m，它们的主要区别在于：

(1) 命令文件相当于主程序，可以调用函数文件，命令文件没有输入参数，也不返回输出参数，而函数文件可以带输入参数，也可以返回输出参数。

(2) 命令文件对 MATLAB 工作空间中的变量进行操作，文件中所有命令的执行结果也完全返回到工作空间中，而函数文件中定义的变量为局部变量，当函数文件执行完毕时，这些变量就被清除。

(3) 命令文件可以直接运行，在 MATLAB 命令窗口输入命令文件的名字，就会顺序执行命令文件中的命令，而函数文件不能直接运行，要以函数调用的方式来运行，并且在调用函数之前要给输入变量赋值。

3.3.4　M 文件使用实例

例 3.1　分别建立命令文件和函数文件，将华氏温度 f 转换为摄氏温度 c。

① 建立命令文件并以文件名 f2c.m 存盘。

【代码】

```
clear;                    % 清除工作空间中的变量
f=input('Input Fahrenheit temperature：');
c=5∗ (f-32)/9
```

然后在 MATLAB 的命令窗口的命令提示符>>后输入文件名 f2c，程序将会执行该命令文件，执行结果为：

```
Input Fahrenheit temperature：73
c =
    22.7778
```

② 建立函数文件 f2c.m。

【代码】

```
function c=f2c(f)
c=5*(f-32)/9
```

然后在 MATLAB 的命令窗口调用该函数文件。

```
>>clear;
>>y=70;
>>x=f2c(y)
```

【运行结果】

```
x =
    21.1111
```

例 3.2　建立一个命令文件，将变量 a、b 的值互换，然后运行该命令文件。

建立命令文件并以文件名 exch.m 存盘。

【代码】

```
clear;
a=1:10; b=[11,12,13,14;15,16,17,18];
c=a;a=b;b=c;
a
b
```

然后在 MATLAB 的命令窗口的命令提示符>>后输入文件名 exch，并执行该命令文件。

例 3.3　建立一个函数文件将变量 a、b 的值互换，然后在命令窗口调用该函数文件。

建立函数文件 fexch.m。

【代码】

```
function [a,b]=exch(a,b)
c=a;a=b;b=c;
```

然后在 MATLAB 的命令窗口调用该函数文件。

【代码】

```
>>clear;
>>x=1:10; y=[11,12,13,14;15,16,17,18];
>>[x,y]=exch(x,y)
```

3.4　程序控制结构

MATLAB 语言的程序结构与其他高级语言一样，包括顺序结构、选择结构和循环结构。

3.4.1 顺序结构

1. 数据的输入

使用 input 函数从键盘输入数据，该函数的调用格式为：

```
A=input(提示信息，选项);
```

其中提示信息为一个字符串，用于提示用户输入什么样的数据。

如果在 input 函数调用时采用's'选项，则允许用户输入一个字符串。例如，想输入一个人的姓名，可采用命令：

```
>>xm=input('What's your name?','s');
```

2. 数据的输出

(1) disp 函数：此函数显示变量的值，而不打印变量名称。

例如：

```
>> disp('Shaanxi')
```

【运行结果】

```
Shaanxi
```

其中输出项既可以为字符串，也可以为矩阵。

(2) fprintf 函数：调用格式是 fprintf(formatSpec，A1，…，An)，通过 formatSpec 设置数据 A1 到 An 的格式，并在屏幕上显示结果。

若键入命令：

```
>>fprintf('圆周率 pi=%10.9f\n', pi)
```

则会按浮点型输出含 9 位小数，1 位整数的圆周率近似值，其输出结果为：

圆周率 pi = 3.141592654

若键入命令：

```
>>n=23;
>>fprintf('n=%d\n',n)
```

则会按整型数输出 n 值，其输出结果为：

```
n=23
```

例 3.4 求一元二次方程 $ax^2 + bx + c = 0$ 的根。

【程序】

```
a=input('a=?');
b=input('b=?');
c=input('c=?');
d=b*b-4*a*c;
x=[(-b+sqrt(d))/(2*a),(-b-sqrt(d))/(2*a)];
disp(['x1=',num2str(x(1)),',x2=',num2str(x(2))]);
```

num2str 函数说明：此函数将数值数组转换为表示数字的字符数组，输出格式取决于原始值的量级。num2str 对使用数值来添加标签和标题非常有用。

```
>> A=231;
>> B=num2str(A)
```

【运行结果】

```
B =
    '231'
```

利用 whos 函数列出工作区中的变量大小和类型。

例如：

```
>> whos
```

【运行结果】

```
  Name      Size            Bytes  Class     Attributes
    A       1x1                 8   double
    B       1x3                 6   char
```

可以看出，A 是数值类型，利用 num2str 函数转换后的 B 是表示数字的字符。

3.4.2　条件选择结构

1. if 语句

在 MATLAB 中，if 语句有 3 种格式。

(1) 单分支 if 语句调用格式：

```
if  条件
    语句组
end
```

当条件成立时，则执行语句组，执行完之后继续执行 if 语句的后继语句，若条件不成立，则直接执行 if 语句的后继语句。

(2) 双分支 if 语句调用格式：

```
if  条件
    语句组 1
else
    语句组 2
end
```

当条件成立时，执行语句组 1，否则执行语句组 2，语句组 1 或语句组 2 执行后，再执行 if 语句的后继语句。

例 3.5　计算分段函数 $y=\begin{cases}(x+\sqrt{\pi})/\mathrm{e}^2 & x\leqslant 0\\ \ln(x+\sqrt{1+x^2})/2 & x>0\end{cases}$ 的值。

【程序】

```
x=input('请输入 x 的值:');
if x<=0
    y= (x+sqrt(pi))/exp(2);
```

```
else
    y=log(x+sqrt(1+x*x))/2;
end
y
```

(3) 多分支 if 语句：语句用于实现多分支选择结构，满足哪个条件，就执行此条件下的语句组，如果所有条件都不满足，就执行语句组 n。语句调用格式如下：

```
if   条件 1
     语句组 1
elseif   条件 2
     语句组 2
   …
elseif   条件 m
     语句组 m
else
     语句组 n
end
```

例 3.6　输入一个字符，若此字符为大写字母，则输出其对应的小写字母；若此字符为小写字母，则输出其对应的大写字母；若此字符为数字字符则输出其对应的数值，若为其他字符则原样输出。

【程序】

```
c=input('请输入一个字符','s');
if c>='A' & c<='Z'
    disp(char(abs(c)+abs('a')-abs('A')));
elseif c>='a' & c<='z'
     disp(char(abs(c)- abs('a')+abs('A')));
elseif c>='0' & c<='9'
     disp(abs(c)-abs('0'));
else
     disp(c);
end
```

2. switch 语句

switch 语句根据表达式的取值不同，分别执行不同的语句。

(1) switch 语句调用格式如下：

```
switch   expr                        %expr 是计算的表达式
  case   表达式 1                    %表达式 i 可以是标量值或元胞数组，
      语句组 1                       %把 expr 和单元数组中的所有元素比较
   case   表达式 2
      语句组 2
```

```
    …
case    表达式 m
    语句组 m
otherwise
    语句组 n
end
```

(2) switch 语句运行规则：当 expr 的值等于表达式 1 的值时，执行语句组 1，当表达式的值等于表达式 2 的值时，执行语句组 2，…，当表达式的值等于表达式 m 的值时，执行语句组 m，当表达式的值不等于 case 所列的表达式的值时，执行语句组 n。当任意一个分支的语句执行完后，直接执行 switch 语句的下一句。

例 3.7　某商场对顾客所购买的商品实行打折销售，标准如下(商品价格用 price 来表示)：

price<200	没有折扣
200≤price<500	3%折扣
500≤price<1000	5%折扣
1000≤price<2500	8%折扣
2500≤price<5000	10%折扣
5000≤price	14%折扣

输入所售商品的价格，求其实际销售价格。

【程序】

```
price=input('请输入商品价格');
switch fix(price/100)
    case {0,1}                  %价格小于 200
        rate=0;
    case {2,3,4}                %价格大于等于 200 但小于 500
        rate=3/100;
    case num2cell(5:9)          %价格大于等于 500 但小于 1000
        rate=5/100;
    case num2cell(10:24)        %价格大于等于 1000 但小于 2500
        rate=8/100;
    case num2cell(25:49)        %价格大于等于 2500 但小于 5000
        rate=10/100;
    otherwise                   %价格大于等于 5000
        rate=14/100;
end
price=price*(1-rate)            %输出商品实际销售价格
```

3. try 语句

(1) try 语句调用格式如下：

```
try
    语句组 1
catch
    语句组 2
end
```

(2) try 语句运行规则：try 语句先试探性地执行语句组 1，如果语句组 1 在执行的过程中出现错误，则将错误信息赋给保留的 lasterr 变量，并转去执行语句组 2。

例 3.8　两矩阵相乘，验证 try 语句的使用规则。

【程序】

```
A=[1,2,3;4,5,6]; B=[7,8,9;10,11,12];
try
    C=A*B;
catch
    C=A. *B;
end
C
```

【运行结果】

```
C =
      7        16        27
     40        55        72
```

在数学上，矩阵乘法运算要求两矩阵的维数相容，即前面矩阵的列等于后面矩阵的行，否则会出错。在 try 语句中先求两矩阵的乘积，若出错，则自动转去求两矩阵的点乘。

3.4.3　循环结构

循环是指按照给定的条件，重复执行指定的语句，这是一种非常重要的程序结构。

1. for-end 循环

在循环次数事先确定的情况下，选用 for 循环。

(1) 语句调用格式 1：按照给定初值、步长和终值的方式赋值。

```
for i=n:s:m
    语句体
end
```

n 为初值，s 为步长，m 为终值，步长 s 可以为正数、负数或小数。

(2) 语句调用格式 2：用数组给循环变量赋值。

如果循环变量是数组，每执行一次，则依次把各列赋值给循环变量。

在每一次的循环中，x 被指定为数组的下一列，即在第 n 次循环中，x = array(:,n)。

【程序】

```
x=[0 2 3;4 7 9]
for a=x                          %把矩阵 x 的每一列元素依次赋给变量 a
    b=a+4
end
```

【运行结果】

```
x =
     0     2     3
     4     7     9
b =
     4
     8
b =
     6
    11
b =
     7
    13
```

例 3.9　一个三位整数的各位数字的立方和等于该数本身，则称该数为水仙花数。输出全部水仙花数。

【程序】

```
for m=100:999
    m1=fix(m/100);                    %求 m 的百位数字
    m2=rem(fix(m/10),10);             %求 m 的十位数字
    m3=rem(m,10);                     %求 m 的个位数字
    if m==m1*m1*m1+m2*m2*m2+m3*m3*m3
        disp(m)
    end
end
```

例 3.10　已知 $y=\sum_{i=1}^{n}\frac{1}{2i-1}$，当 $n=100$ 时，求 y 的值。

【程序】

```
y=0;
n=100;
for i=1:n
    y=y+1/(2*i-1);
end
```

```
y
```

在实际 MATLAB 编程中，采用循环语句会降低其执行速度，所以例 3.10 的程序通常由下面的程序来代替：

```
n=100;
i=1:2:2*n-1;
y=sum(1./i);
y
```

例 3.11　写出下列程序的执行结果。

```
s=0;
a=[12,13,14;15,16,17;18,19,20;21,22,23];
for k=a
    s=s+k;
end
disp(s');
```

【运行结果】

```
39    48    57    66
```

2. while-end 循环

while 循环用于循环次数不能事先确定的循环。

(1) while 语句调用格式如下：

```
while 表达式
    语句体
end
```

(2) 语句运行规则：当 while 后的表达式为真时，就执行语句体，当表达式为假时，就终止该循环。

表达式可以是一个矩阵，而且矩阵中的所有元素都为非 0 时，才执行循环体中的内容。如果表达式为一空矩阵，则循环体中的内容永远不会被执行。

例 3.12　从键盘输入若干个数，当输入 0 时就结束输入，求这些数的平均值和它们的和。

【程序】

```
sum=0;
cnt=0;
val=input('Enter a number (end in 0):');
while (val~=0)
        sum=sum+val;
        cnt=cnt+1;
        val=input('Enter a number (end in 0):');
end
```

```
if (cnt > 0)
    sum
    mean=sum/cnt
end
```

3.5　break 语句、continue 语句和 return 语句

break 语句和 continue 语句也是与循环结构相关的语句，它们一般与 if 语句配合使用。

(1) break 语句用于终止循环的执行。当在循环体内执行到该语句时，程序将跳出循环，继续执行循环语句的下一语句。

(2) continue 语句控制跳过循环体中的某些语句。当在循环体内执行到该语句时，程序将跳过循环体中所有剩下的语句，继续下一次循环。

(3) return 语句是终止程序的运行。

例 3.13　求[100，200]中第一个能被 21 整除的整数。

【程序】

```
for n=100:200
    if rem(n,21)~=0
        continue
    end
    break
end
n
```

例 3.14　从 1 到 n 的任何一个自然数，只要对 n 反复进行下列两种运算：如果 n 是偶数，就除以 2；如果 n 是奇数，就乘以 3 再加 1，最后的结果总是 1。这个问题大约是在 20 世纪 50 年代被提出来的。在西方它常被称为西拉古斯(Syracuse)猜想，因为据说这个问题首先是在美国的西拉古斯大学被研究的；而在东方，这个问题由将它带到日本的日本数学家角谷静夫的名字来命名的，被称作角谷猜想。

【程序】

```
n=input('请输入一个大于 1 的正整数  n=');
if n<=0
    disp('输入的数为负数或零，程序中断')
    return
end
while n>1
   if  rem(n,2)==0
```

```
        n = n/2;
    else
        n = n*3+1;
    end
end
```

3.6　循环的嵌套

如果在一个循环结构的循环体中又包括一个循环结构，则称这种循环结构为循环的嵌套，或称为多重循环结构。

例 3.15　若一个数等于它的各个因子之和，则称该数为完数，如 $6 = 1 + 2 + 3$，因此 6 是完数。求[1,500]之间的全部完数。

【程序】

```
for m=1:500
    s=0;
    for k=1:m/2
        if rem(m,k)==0
            s=s+k;
        end
    end
    if m==s
        disp(m);
    end
end
```

【运行结果】

```
     6
    28
   496
```

例 3.16　作曲线 $y = x(1 - x)$在 0 到 1 区间上的转动切线，从几何上说明水平切线的存在性。

【程序】

```
axis([0,1,0,1])
hold on
x=0:0.005:1;
y=x. * (1-x);
plot(x,y,'r')
```

```
xlabel('x 轴'); ylabel('y 轴');
title('水平切线的存在性演示'')
text(0.4,0.2,'y=x(1-x)')
x0=0:0.05:1;
y0=x0. * (1-x0);
n=length(x0);
ybar=1-2*x0;
for i=1:n
    num=0;
    for j=0:0.01:1
        num=num+1;
        x1(num)=j;
        y1(num)=y0(i)+ybar(i) * (j-x0(i));
    end
    plot(x1,y1,'k')
    pause(0.1)
end
plot([0,1],[1/4,1/4],'k')
hold off
```

运行结果如图 3.1 所示。

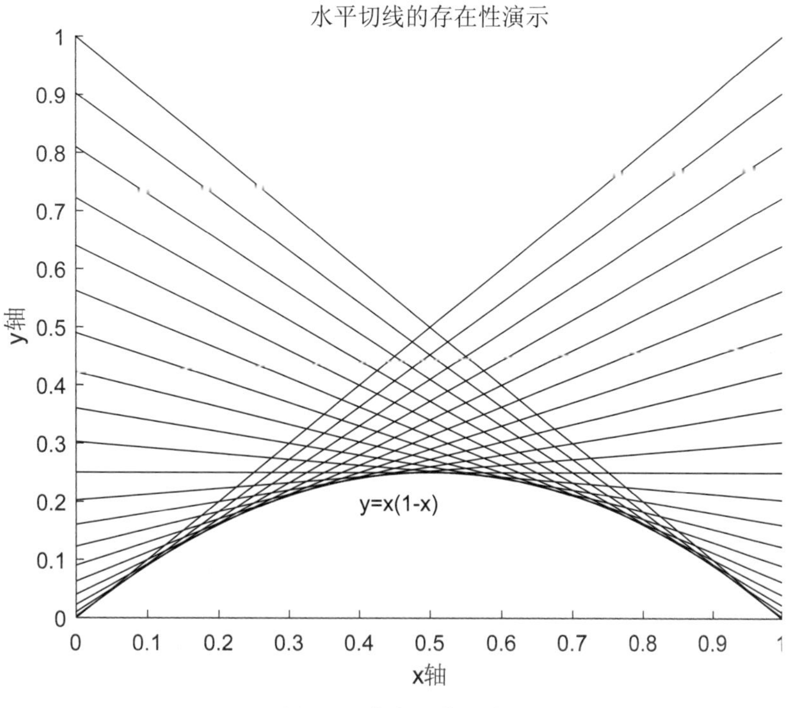

图 3.1 曲线及其切线

3.7 程序举例

例 3.17 猜数游戏。首先由计算机产生[1,100]之间的随机整数，然后由用户猜测所产生的随机数。根据用户猜测的情况给出不同的提示，若猜测的数大于产生的数，则显示“您的数字较大!”，若猜测的数小于产生的数，则显示“您的数字较小!”，若猜测的数等于产生的数，则显示“YOU WIN!”，同时退出游戏。用户最多可以猜 6 次。

【程序】

```
y=round(10+89*rand());
for k=1:6
    x=input(['第',num2str(k),'次输入一个两位数(输完请按回车):']);
    if(x<y)
        disp('您的数字较小!');
    elseif(x==y)
        msgbox('YOU WIN!');
        return;
    else
        disp('您的数字较大!');
    end
end
msgbox('YOU LOSE!   GAME OVER!')
```

例 3.18 用筛选法求某自然数范围内的全部素数。素数是大于 1，且除了 1 和它本身以外，不能被其他任何整数所整除的整数。用筛选法求素数的基本思想是：要找出 2 到 m 之间的全部素数，首先在 2 到 m 中划去 2 的倍数(不包括 2)，然后划去 3 的倍数(不包括 3)，由于 4 已被划去，再找 5 的倍数(不包括 5)，……，直到划去不超过 m 的某数的倍数，剩下的数都是素数。

【程序】

```
m=input('m=');
p=2:m;
for i=2:sqrt(m)
    n=find(rem(p,i)==0&p~=i);
    p(n)=[];
end
disp(p);
```

例 3.19 猴子吃桃问题：猴子第一天摘下若干个桃子，吃了一半，还不过瘾，又多吃了一个，第二天又将剩下的桃子吃了一半，又多吃了一个。以后每天早上都吃了前一天剩下的一半加一个。到第十天早上想再吃，结果只剩一个桃子。求第一天共摘多少桃子？

【程序】

```
number=1;
x(10)=number;
fprintf('计算结果如下：\n');
for i=9:-1:1
    x(i)=(x(i+1)+1)*2;
    fprintf('第%d 天有%d 个桃子\n',i,x(i));
end
```

例 3.20　统计一个字符串里有几个字母的函数文件编写。

【程序】

```
function k=f(s)
[m,n]=size(s);
x=isletter(s);
k=0
for i=1:n
    if x(i)==1
        k=k+1;
    end
end
```

第四章 MATLAB 绘图及数据可视化

MATLAB 被大众喜爱的原因之一是它在绘图方面的优势。MATLAB 可以绘制二维曲线、三维曲线、三维曲面以及四维图形，除此之外，MATLAB 还可以绘制统计类的图形(如饼图、条形图等)。

绘制图形的步骤大致为：准备成图的数据(可以从文件中读取，也可以利用函数或公式计算)；选定图形窗及其子图的位置；调用绘图命令进行绘制；设置坐标轴的范围和刻度；图形注释(如图名、坐标名、图例、文字说明)等。坐标轴的设置和图形的注释所起的作用是锦上添花，可以根据要求去做取舍。

4.1 二维图形的绘制

二维曲线的绘制是图形绘制的基础，图形中颜色、线型、坐标轴等组合的控制非常关键，也是画图时应该掌握的技能。

4.1.1 绘制二维曲线函数 plot

下面介绍函数 plot 的调用格式。

1. 调用格式 1：plot(x,y)

若 x、y 都是向量，长度相同，并且 x 和 y 分别为离散点的横坐标和纵坐标组成的向量。

若 x 或 y 中的一个是向量而另一个是矩阵，则矩阵的各维中必须有一维与向量的长度相等。如果矩阵的行数等于向量长度，则 plot 函数绘制矩阵中的每一列对应向量的图。如果矩阵的列数等于向量长度，则该函数绘制矩阵中的每一行对应向量的图。如果矩阵为方阵，则该函数绘制每一列对应向量的图。

若 x 和 y 都是 $m \times n$ 的矩阵，则以它们对应的列构成二元组来绘制 n 条曲线。

例 4.1 用 plot 画出一条曲线。

【代码】

```
x=0:pi/100:2*pi;
y=sin(x);
plot(x,y)
```

同时保存代码到 plot_test1.m 文件中。

在命令提示符>>下运行 plot_test1.m，结果如图 4.1 所示。

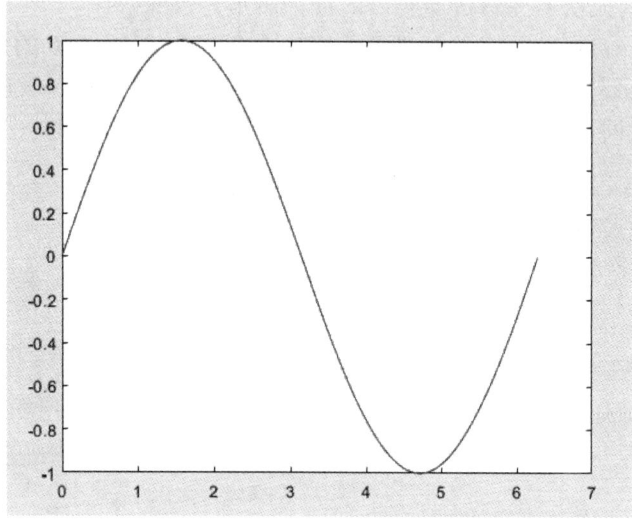

图 4.1 用 plot 绘制单条曲线

2. 调用格式 2：plot(y)

若 y 是一维数组，其元素为实数，则绘制 y 与其元素的下标所构成的二元组的曲线图。

若 y 的元素为复数，则等价于 plot(real(y)，imag(y))。

若 y 是矩阵，则按列绘制曲线图，曲线条数等于 y 矩阵的列数。

例 4.2 用 plot 画出多条曲线。

【代码】

```
Z=peaks(10) ;
plot(Z)
```

运行结果如图 4.2 所示。

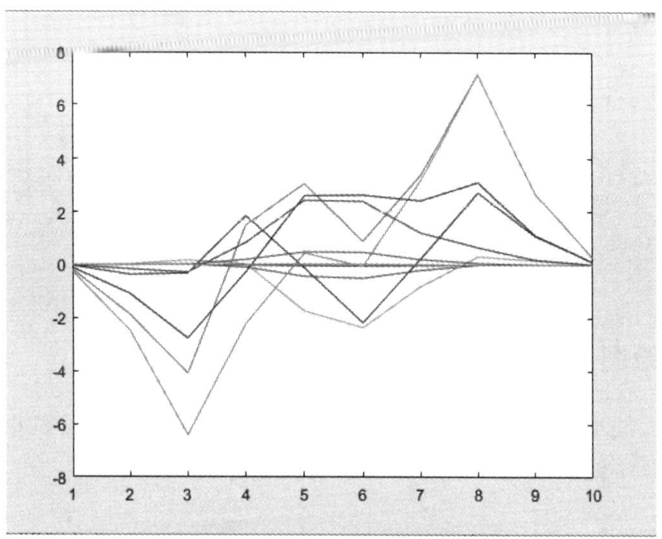

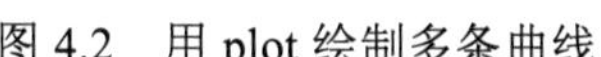

图 4.2 用 plot 绘制多条曲线

注：peaks 函数是 MATLAB 为了测试立体绘图给出的一个快捷函数，直接输入 peaks，便可画出用此函数生成的数据所对应的图形。peaks 还有一种用法，就是给定输出变量 Z，如 Z = peaks(10)，运行结果是按照特定公式生成 10 × 10 的矩阵，用 plot 画图时，每列作为一组数，画出一条曲线，一共画出 10 条曲线(如图 4.2 所示，可扫图旁二维码查看彩图。后同)，其中的横坐标是序列号。

3. 调用格式 3：plot(x1，y1，x2，y2，…)

以(x1，y1)、(x2，y2)为二元组，绘制多条曲线。

例 4.3　画出多个数据对的曲线。

【代码】

```
x=0:pi/100:2*pi;
y=sin(x);
yy=cos(x);
yyy=sin(x)+cos(x);
plot(x,y,x,yy,x,yyy)
```

运行结果如图 4.3 所示。

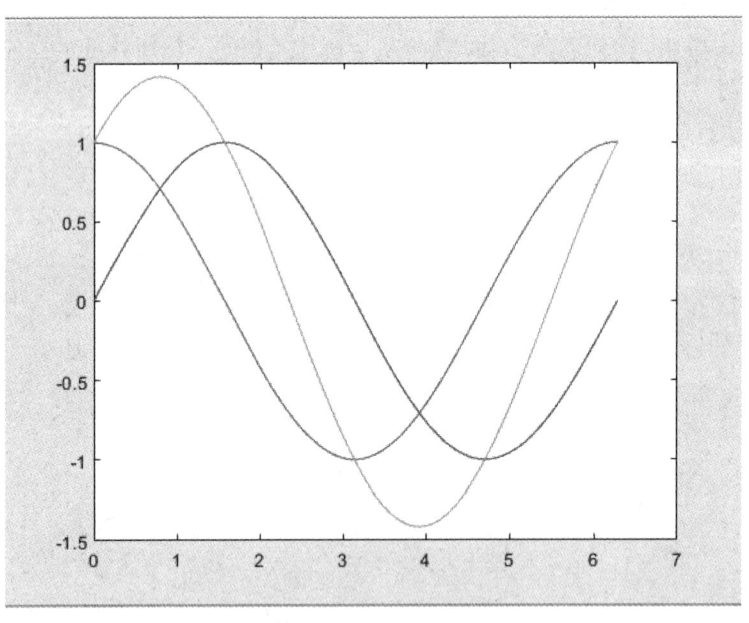

图 4.3　三条曲线绘制实例

4.1.2　基本的绘图控制

曲线的色彩、线型以及数据点的标志，在图形绘制时至关重要。根据系统的设定，编程人员可以选择不同的组合，最终画出想要的图形。

调用格式：

```
plot(x,y,'s')
```

说明：s 是由 1～3 个字母组成的字符串，用来指定绘制图形的线条颜色(见表 4.1)、线型(见表 4.2)和离散点符号(见表 4.3)。s 为空时，表示按系统的缺省定义来处理(缺省时为蓝色实线)。

表 4.1　线条颜色

选　项	说　明	对应的 RGB 三元组
'red' 或 'r'	红色	[1 0 0]
'green' 或 'g'	绿色	[0 1 0]
'blue' 或 'b'	蓝色	[0 0 1]
'yellow' 或 'y'	黄色	[1 1 0]
'magenta' 或 'm'	品红色	[1 0 1]
'cyan' 或 'c'	青蓝色	[0 1 1]
'white' 或 'w'	白色	[1 1 1]
'black' 或 'k'	黑色	[0 0 0]
'none'	无颜色	不适用

表 4.2　线　型

线　型	说　明	表示的线条
'-'	实线	————————
'--'	虚线	- — — — —
':'	点线	…………………
'-.'	点画线	—·—·—·—·-
'none'	无线条	无线条

表 4.3　离散点符号

值	说　明	值	说明
'o'	圆圈	'^'	上三角
'+'	加号	'v'	下三角
'*'	星号	'>'	右三角
'.'	点	'<'	左三角
'x'	叉号	'p'	五角星(五角形)
'square'或's'	方形	'h'	六角星(六角形)
'diamond'或'd'	菱形	'none'	无标记

例 4.4　控制曲线颜色的实例。

【代码】

```
%色彩控制
x=0:pi/100:2*pi;
y1=sin(x);
```

```
y2=sin(x-0.25);
y3=sin(x-0.5);
plot(x,y1,'r',x,y2,'g',x,y3,'b')
```

运行结果如图 4.4 所示。

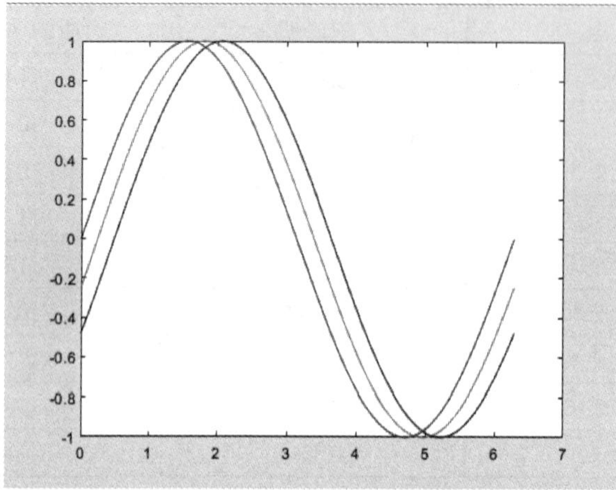

图 4.4　按照设定颜色绘制曲线

例 4.5　控制曲线线型的实例。

【代码】

```
%线型控制
x=0:pi/100:2*pi;
y1=sin(x);
y2=sin(x-0.25);
y3=sin(x-0.5);
plot(x,y1,'-',x,y2,'--',x,y3,':')
```

运行结果如图 4.5 所示。

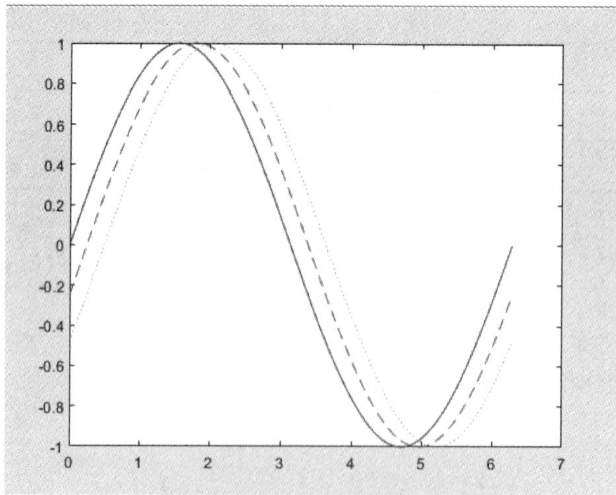

图 4.5　按照设定线型绘制曲线

例 4.6　控制离散点标记的实例。

【代码】

```
%绘制离散点
x=0:pi/15:4*pi;
y=exp(2*cos(x));
plot(x,y,'rx')
```

运行结果如图 4.6 所示。

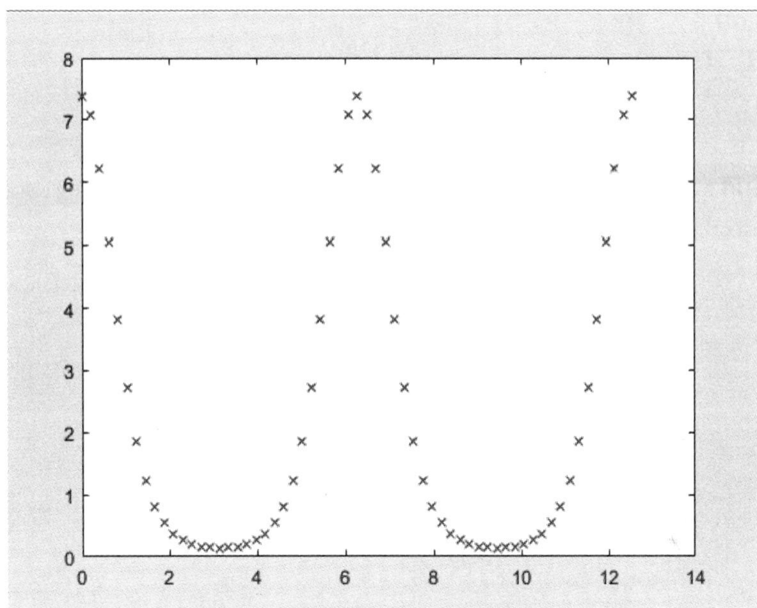

图 4.6　按照设定离散点标志绘制曲线

4.1.3　坐标轴控制函数

坐标轴控制函数的调用格式如下：

(1) 调用格式 1：

axis([xmin,xmax,ymin,ymax])

功能：人工设定二维图形坐标范围。

(2) 调用格式 2：

axis([xmin,xmax,ymin,ymax,zmin,zmax])

功能：人工设定三维图形坐标范围。

(3) 调用格式 3：

axis square

功能：产生正方形坐标系(缺省为矩形)。

(4) 调用格式 4：

axis equal

功能：纵、横坐标轴刻度单位相同。

(5) 调用格式 5：

axis tight

功能：使坐标轴的区域和图形的区域正好吻合。

(6) 调用格式 6：

axis on

功能：使用轴背景。

(7) 调用格式 7：

axis off

功能：取消轴背景。

(8) 调用格式 8：

axis ij

功能：矩阵式坐标，原点在左上方。

(9) 调用格式 9：

axis xy

功能：普通直角坐标，原点在左下方。

例 4.7　控制坐标轴范围实例。

【代码】

```
%设定坐标轴范围
x=linspace(0,2*pi,60);
y=sin(x);
plot(x,y);
axis ([0 2*pi -2 2])
```

运行结果如图 4.7 所示。

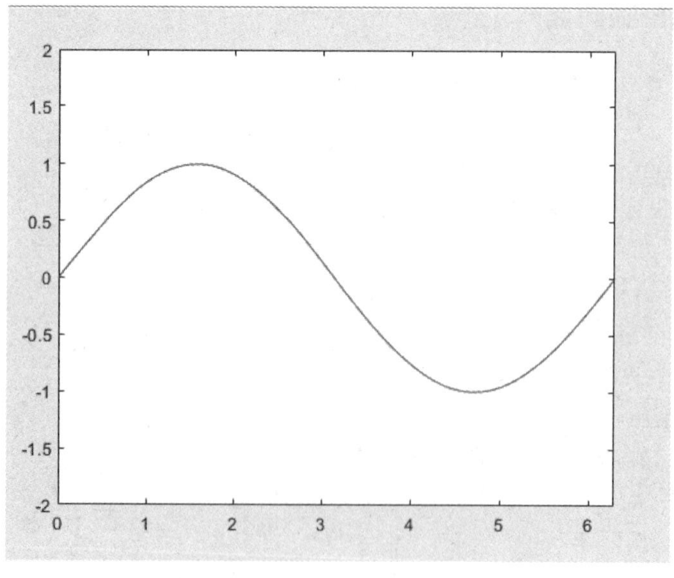

图 4.7　按照设定坐标轴范围绘制曲线

4.1.4　坐标网格函数

坐标网格函数的调用格式如下：

(1) 调用格式 1：

grid on

功能：在当前坐标中绘制网格线。

(2) 调用格式 2：

grid off

功能：移掉网格线。

4.1.5　图例函数

图例函数的调用格式如下：

(1) 调用格式 1：

title(S)

功能：指定图名。

(2) 调用格式 2：

xlabel(S)

功能：指定 x 坐标轴名。

(3) 调用格式 3：

ylabel(S)

功能：指定 y 坐标轴名。

(4) 调用格式 4：

zlabel(S)

功能：指定 z 坐标轴名。

(5) 调用格式 5：

text(X,Y,S)

功能：在图形的指定位置(X，Y)加入一个文本字符串。

(6) 调用格式 6：

gtext(S)

功能：利用鼠标在图形中加入文本字符串。

(7) 调用格式 7：

lengend(S1,S2,…，Sn)

功能：加图例，给当前图形建立一个图例说明盒，盒内给出用户指定的图例说明，利用鼠标可以移动图例说明盒。

注：上面的输入变量 S，S1，S2，…，Sn 均为字符串。

例 4.8　在同一坐标内，分别用不同的线型和颜色绘制曲线 $y_1 = 0.2\mathrm{e} - 0.5x\cos(4\ \pi x)$ 和 $y_2 = 2\mathrm{e} - 0.5\cos(\pi x)$，标记两条曲线的交叉点。

【代码】

```
x=linspace(0,2*pi,1000);
y1=0.2*exp(-0.5*x). *cos(4*pi*x);
y2=2*exp(-0.5*x).*cos(pi*x);
k=find(abs(y1-y2)<1e-2);
x1=x(k);
y3=0.2*exp(-0.5*x1).*cos(4*pi*x1);
plot(x,y1,x,y2,'k:',x1,y3,'bp');
legend('y1','y2');        %加图例
xlabel('X Axis')          %加入 x 轴标签
ylabel('Y Axis')          %加入 y 轴标签
title('函数图像')          %加图名
```

运行结果如图 4.8 所示。

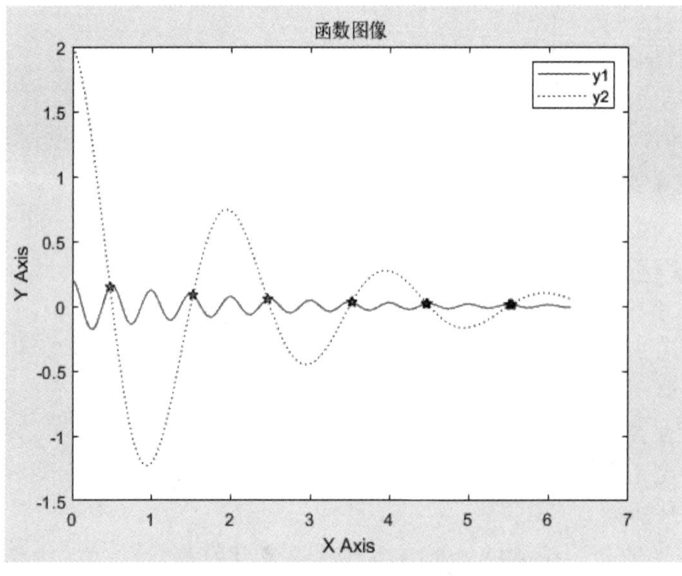

图 4.8　加上图名、图例及标签的效果

4.1.6　图形叠加函数

图形叠加函数的调用格式如下：

hold on

功能：保留当前图形及其坐标的全部属性，使随后绘制的图形叠加到已存在的图形上。

例 4.9　图形叠加函数及控制曲线效果的标记使用实例。

【代码】

```
x=-pi:pi/10:pi;
```

```
y=tan(sin(x))-sin(tan(x));
plot(x,y,'--ro','LineWidth',2,'MarkerEdgeColor','k',...
'MarkerFaceColor','g'， 'MarkerSize',10)
hold on
t=0:pi/100:2*pi;
y=sin(t);
plot(t,y)
```

运行结果如图 4.9 所示。

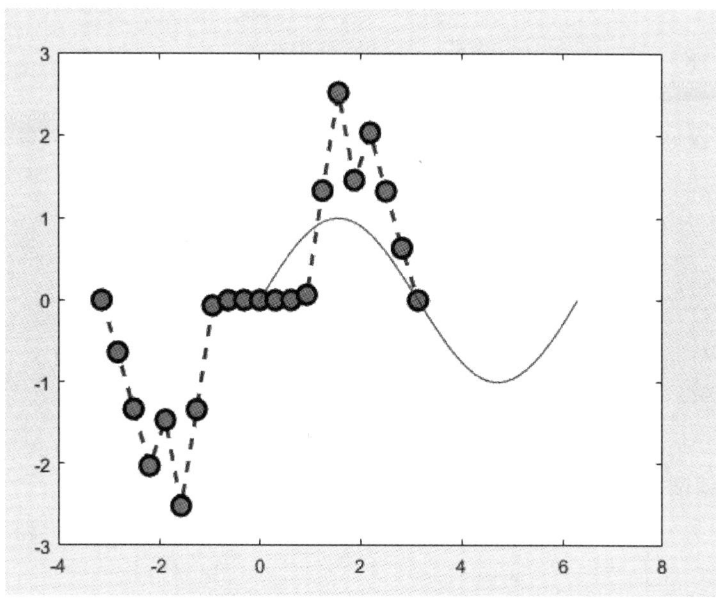

图 4.9　曲线叠加效果实例

4.1.7　划分子图函数

划分子图函数的调用格式如下：

subplot(m,n,p)

功能：将当前图形窗口划分为 m 行 n 列，一共有 m × n 个网格，网格排序的规则是按照从左到右、从上到下的规则排列的。在 p 指定的位置创建坐标区，一共可以绘制 m × n 个子图。第一个子图是第一行的第一列，第二个子图是第一行的第二列，依此类推。如果指定的位置已存在坐标区，则此命令会将该坐标区设为当前坐标区。

例 4.10　在一个图形窗口中绘制 6 个子图。

【代码】

```
x=0:pi/100:2*pi;
y=sin(x);
```

```
yy=cos(x);
yyy=sin(x)+cos(x);
subplot(2,3,1)          %指定要绘制的第一个图形的位置
plot(x,y,x,yy,x,yyy)
x=0:pi/100:2*pi;
y1=sin(x);
y2=sin(x-0.25);
y3=sin(x-1.5);
subplot(2,3,2)
plot(x,y1,'r')
subplot(2,3,3)
plot(x,y2,'g')
subplot(2,3,4)
plot(x,y3,'b')
x=linspace(0,2*pi,60);
y=sin(x);
subplot(2,3,5)
plot(x,y);
subplot(2,3,6)
plot(x,y.^2,'r')
```

运行结果如图 4.10 所示。

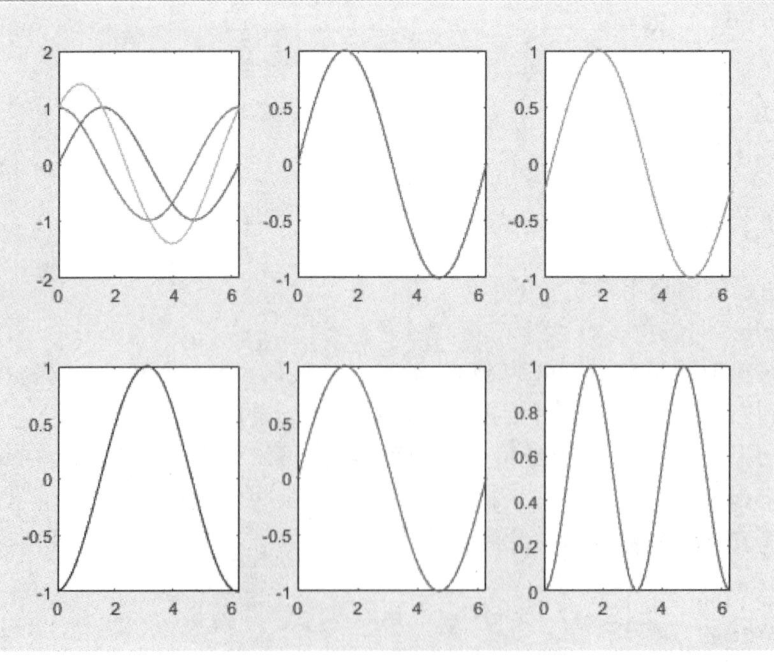

图 4.10　函数 subplot 使用实例

例 4.11　二维曲线绘制命令综合实例。

【代码】

```
x=0:pi/10:2*pi;
y=sin(x);
z=cos(x);
subplot(2,3,1)
plot(x,y,x,z)
grid on
%axis([0,10,-1,1])
subplot(2,3,2)
plot(x,y,'b*')
title('sin')
axis square
subplot(2,3,3)
plot(x,z, 'k');
xlabel('x');
ylabel('z');
set(gca, 'xtick',[1,3,6])
axis tight
subplot(2,3,4)
plot(y, 'm->')
axis tight
text(2,1, 'y=sin(x) ')
subplot(2,3,5)
plot(z, 'r-.')
axis equal
legend('y=cos(x) ')
subplot(2,3,6)
plot(y, 'g: ')
hold on
plot(z)
gtext('z=sin(x) ')
gtext('z=cos(x) ')
```

运行结果如图 4.11 所示。

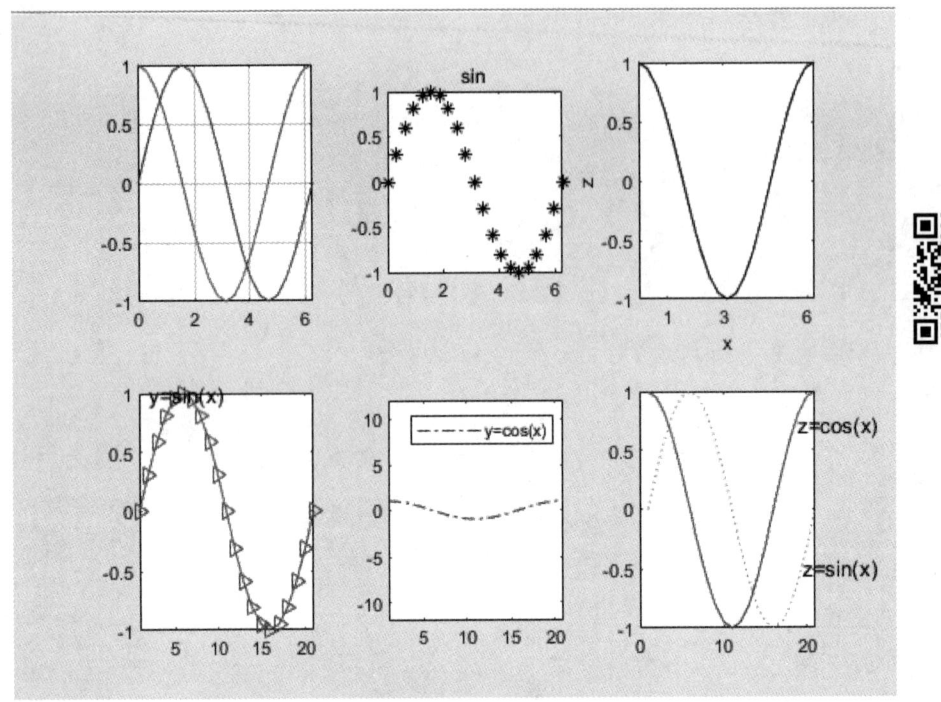

图 4.11　二维曲线绘制命令的综合实例

4.2　绘制对数坐标图形

对数图形就是用对数坐标绘制的图形。对于对数刻度来说，其间隔表示的是变量的值在数量级上的变化，这与线性刻度有很大的不同。对数图分为双对数图和半对数图。

1. 双对数坐标函数

调用格式：

```
loglog(x,y)
```

功能：绘制对数图形及两个坐标轴(两个轴都是对数坐标)。

2. 半对数坐标函数

1) semilogx 函数

调用格式：

```
semilogx(x,y)
```

功能：绘制半对数坐标图形，X 轴是对数坐标，Y 轴为线性坐标。

2) semilogy 函数

调用格式：

```
semilogy(x,y)
```

功能：绘制半对数坐标图形，Y 轴是对数坐标，X 轴为线性坐标。

3. 双轴图形绘制函数

调用格式：

plotyy(x1,y1,x2,y2)

功能：绘制双轴图形。

例 4.12　双轴图形绘制实例。

【代码】

```
x1=0:pi/100:10
y1=sin(x1);
y2=x1.^2+1000;
plotyy(x1,y1,x1,y2)
```

运行结果如图 4.12 所示。

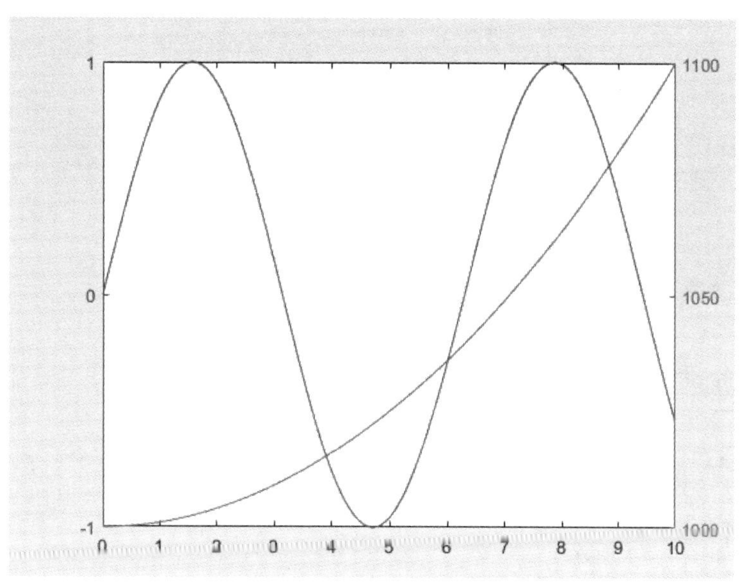

图 4.12　函数 plotyy 使用实例

4.3　三维曲线的绘制函数

三维曲线的绘制函数的调用格式如下：

plot3(x,y,z)

功能：当 x、y、z 为向量时，将以三个向量中的相应元素 x、y、z 坐标绘制出数据点，然后再用线把这些点连接起来得到一条空间曲线。当 x、y、z 为同维矩阵时，则分别取 x、y、z 对应列，画出多条曲线。

例 4.13　一条三维曲线的绘制实例。

【代码】

```
t=0:pi/50:10*pi;
plot3(sin(t),cos(t),t)
axis square        %产生正方形坐标系
grid on            %加网格线
```

运行结果如图 4.13 所示。

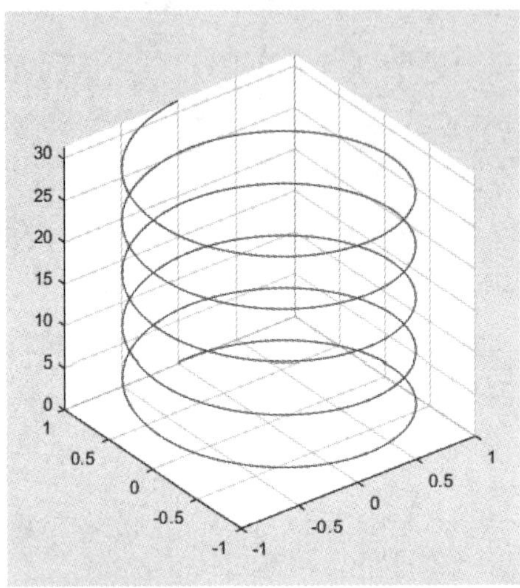

图 4.13　函数 plot3 使用实例

例 4.14　多条三维曲线的绘制实例。

【代码】

```
[X,Y]=meshgrid(-2:0.1:2);
Z=X.*exp(-X.^2-Y.^2);
plot3(X,Y,Z)
grid on
```

运行结果如图 4.14 所示。

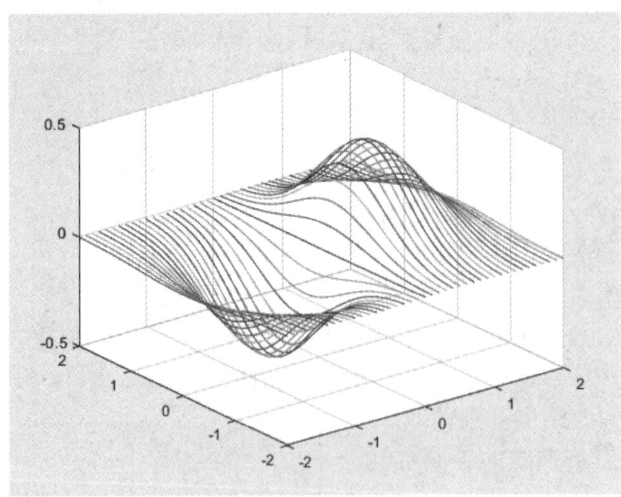

图 4.14　利用 plot3 函数绘制多条三维曲线

4.4　网格图形和曲面图形的绘制

数据在三维空间中的表示方法有两种：一种是用曲线表示(见 4.3 节)；另一种是用曲面表示。MATLAB 可提供的曲面表示方法有网格图、曲面图、伪彩色图以及等高线图。

4.4.1　三维网格图绘制

绘制三维网格图的函数调用格式如下：

mesh(x,y,z)

功能：在三维空间中画出一个彩色的、带有线框的表面视图，并在三维空间中显示出来。

例 4.15　三维网格图形的绘制实例。

【代码】

```
x=[0:0.15:2*pi];
y=[0:0.15:2*pi];
z=sin(y')*cos(x);        %利用转置的向量和向量相乘，生成矩阵 z
mesh(x,y,z);
```

运行结果如图 4.15 所示。

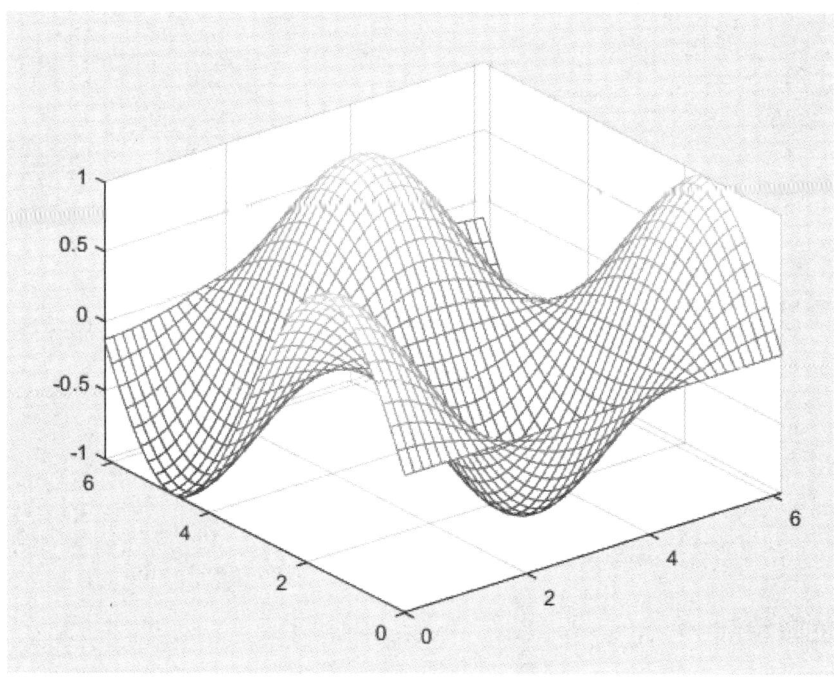

图 4.15　利用 mesh 函数绘制网格图

4.4.2　三维曲面图(表面图) 绘制

绘制三维曲面图的函数调用格式如下：

surf(x,y,z)

功能：在曲面的网格图基础上，对网格间的曲面小块进行充填，即可形成曲面图。

MATLAB 的表面定义是通过在 x-y 平面中的矩形网格上的点(x，y)的 Z 坐标来实现的。该表面图形是通过将相邻的点用直线相连而形成的。通常，这些小面是四边形，每个小面都有固定的颜色，边界是黑色的网格线。

例 4.16　三维曲面图的绘制实例。

【代码】

```
x=[0:0.15:2*pi];
y=[0:0.15:2*pi];
z=sin(y')*cos(x);                    %矩阵相乘
surf(x,y,z);
xlabel('x-axis'),ylabel('y-axis'),zlabel('z-axis');
title('3-D surf');
```

运行结果如图 4.16 所示。

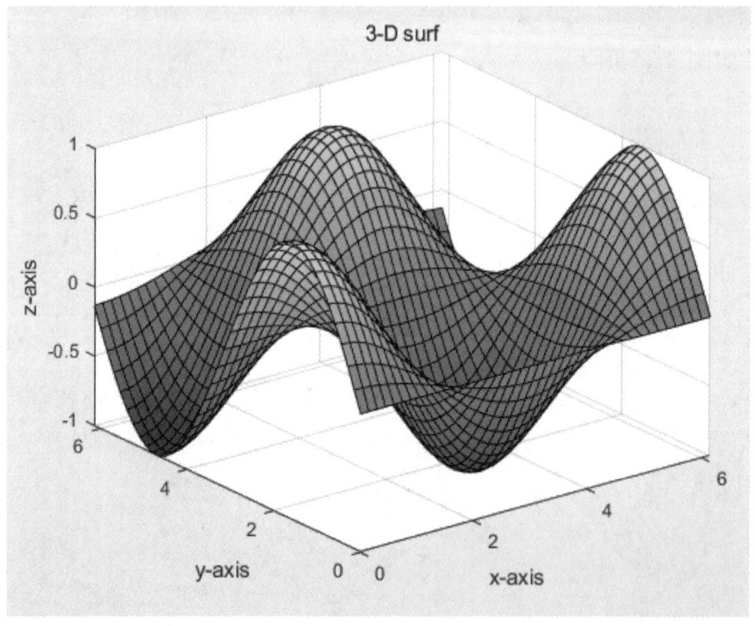

图 4.16　利用 surf 函数绘制曲面图

4.4.3　伪彩色图绘制

伪彩色图类似于彩色地图，在平面图形中用颜色表示二元函数值的高度。绘制伪彩色图的函数调用格式如下：

(1) 调用格式 1：

pcolor(A)

功能：绘制矩阵 A 的伪彩色图，由矩阵 A 元素的下标绘制方格图，其每个元素的值确定图中每个格子的颜色。

(2) 调用格式 2：

pcolor(x,y,z)

功能：绘制由 x、y、z 数据表示的伪彩色图。

例 4.17　伪彩色图绘制实例。

【代码】

```
x=[0:0.15:2*pi];
y=[0:0.15:2*pi];
z=sin(y')*cos(x);
pcolor(x,y,z);
shading flat;      %shading interp; shading faceted
```

运行结果如图 4.17 所示。

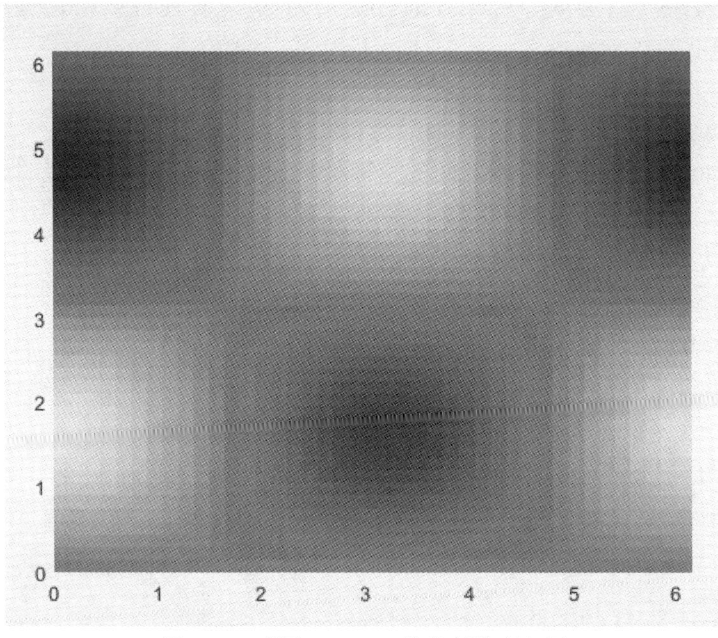

图 4.17　利用 pcolor 函数绘制伪彩色图

4.4.4　等高线图函数

绘制等高线图的函数调用格式如下：

(1) 调用格式 1：

contour(Z)

功能：绘制矩阵 Z 的等高线图，其中 Z 为有关 x－y 平面的高度。Z 至少是 2×2 的矩阵，该矩阵至少包含两个不同值。x 值对应于 Z 的列索引，y 值对应于 Z 的行索引。

自动选择等高线层级。

(2) 调用格式 2：

contour(Z,n)

功能：以 n 个等高线层级绘制矩阵 Z 的等高线图，其中 n 为标量。自动选择等高线层级。

(3) 调用格式 3：

contour(Z,v)

功能：绘制矩阵 Z 的等高线图，其中等高线位于单调递增向量 v 中指定的数据值的位置。若要在特定值位置显示单个等高线，则将 v 定义为一个多元素的向量，并且每个元素都等于所需的等高线层级。

(4) 调用格式 4：

contour(X,Y,Z)

功能：① 如果 X 和 Y 为向量，则 length(X)必须等于 size(Z，2)且 length(Y)必须等于 size(Z，1)。这些向量必须是严格递增或严格递减的，并且不能包含任何重复值。② 如果 X 和 Y 为矩阵，则其大小必须等于 Z 的大小。通常，应设置 X 和 Y 以便使矩阵的列严格递增或严格递减并且矩阵的行是均匀的(或者使行严格递增或严格递减并且列是均匀的)。

(5) 调用格式 5：

contourf(X,Y,Z)

功能：contourf 可以在等高线之间的空隙处填充颜色，呈现出区域的分划状。

例 4.18　利用伪彩色图函数绘制图形。

【代码】

```
x=[0:0.15:2*pi];
y=[0:0.15:2*pi];
z=sin(y')*cos(x);
subplot(2,2,1)            %划分子图区域
contour(x,y,z)
n=6
subplot(2,2,2)
contour(x,y,z,n,'k:')
subplot(2,2,3)
c=contourf(x,y,z);
clabel(c)
subplot(2,2,4)
pcolor(x,y,z)
shading interp
hold on
contour(x,y,z,n,'k:')
```

运行结果如图 4.18 所示。

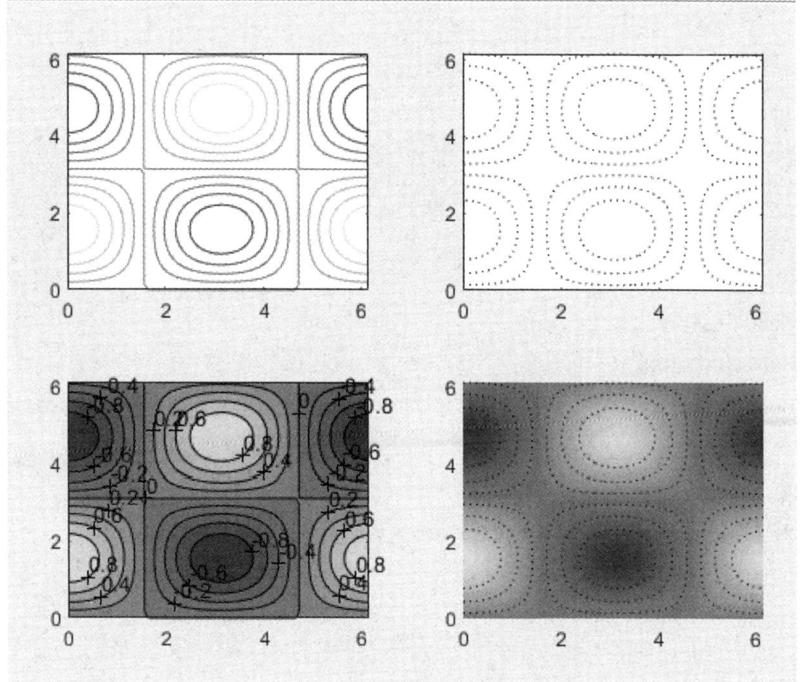

图 4.18　利用 contour 函数绘制伪等高线图

4.4.5　shading 函数的使用

shading 函数的调用格式如下：

(1) 调用格式 1：

shading faceted

功能：默认模式，在曲面或图形对象上叠加黑色的网格线。

(2) 调用格式 2：

shading flat

功能：在 shading faceted 的基础上去掉图上的网格线。

(3) 调用格式 3：

shading intcrp

功能：对曲面或图形对象的颜色着色进行色彩的插值处理，使色彩平滑过渡。

4.4.6　meshgrid 函数的使用

meshgrid 函数是将空间或平面网格化的函数。

[X，Y] = meshgrid(x，y)：将向量 x 和 y 定义的区域转换成矩阵 X 和 Y，其中矩阵 X 的行向量是向量 x 的简单复制，而矩阵 Y 的列向量是向量 y 的简单复制，矩阵 X 和 Y 的大小相等，即 size(X)和 size(Y)相等。假设 x 是长度为 m 的向量，y 是长度为 n 的向量，则最终生成的矩阵 X 和 Y 的维度都是 n × m(注意不是 m × n)。

例如：

```
>> x1=1:0.5:3;y1=5:0.4:7;
>> [X,Y]=meshgrid(x1,y1)
```

【运行结果】

```
X =
      1.0000    1.5000    2.0000    2.5000    3.0000
      1.0000    1.5000    2.0000    2.5000    3.0000
      1.0000    1.5000    2.0000    2.5000    3.0000
      1.0000    1.5000    2.0000    2.5000    3.0000
      1.0000    1.5000    2.0000    2.5000    3.0000
      1.0000    1.5000    2.0000    2.5000    3.0000
Y =
      5.0000    5.0000    5.0000    5.0000    5.0000
      5.4000    5.4000    5.4000    5.4000    5.4000
      5.8000    5.8000    5.8000    5.8000    5.8000
      6.2000    6.2000    6.2000    6.2000    6.2000
      6.6000    6.6000    6.6000    6.6000    6.6000
      7.0000    7.0000    7.0000    7.0000    7.0000
```

例 4.19　$x=-3:5$，$y=2:0.5:6$，$z=x.\hat{}2+y.\hat{}2$，对三维空间的数据进行多种形式的绘制。

【代码】

```
x=-3:5;
y=2:0.5:6;
[X,Y]=meshgrid(x,y)
Z=X.^2+Y.^2;
subplot(2,2,1)
mesh(X,Y,Z)
subplot(2,2,2)
surf(X,Y,Z)
% shading flat
% shading interp
% shading faceted
subplot(2,2,3)
pcolor(X,Y,Z)
subplot(2,2,4)
contour3(X,Y,Z)
%contour3(X,Y,Z)
%contour(X,Y,Z)
```

运行结果如图 4.19 所示。

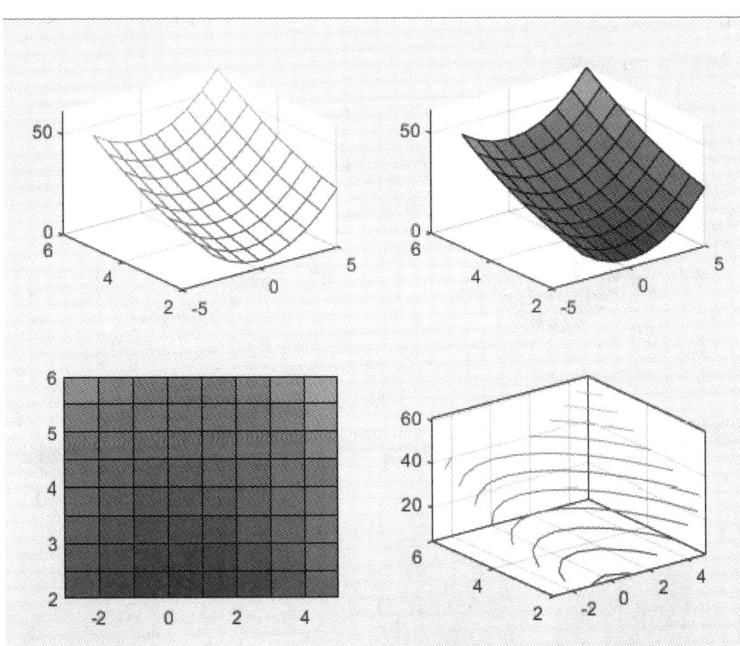

图 4.19　三维空间数据展示实例

例 4.20　$x=-8：8$，$y=-8：8.5：6$，$r=\sqrt{x^2+y^2}$，$z=\sin r/r$，用不同方式绘制 x 和 y 范围内对应的 z 值。

【代码】

```
x=-8:0.5:8;
[X,Y]=meshgrid(x);
r=sqrt(X.^2+Y.^2)+eps;
Z=sin(r)./r;
subplot(2,2,1);
surf(X,Y,Z);
title('cap')
subplot(2,2,2);
mesh(X,Y,Z);
subplot(2,4,5);
pcolor(X,Y,Z);
subplot(2,4,6);
pcolor(X,Y,Z);
shading interp;
subplot(2,4,7);
%contour(X,Y,Z);
contour3(X,Y,Z);
```

```
subplot(2,4,8);
contourf(Z);
```

运行结果如图 4.20 所示。

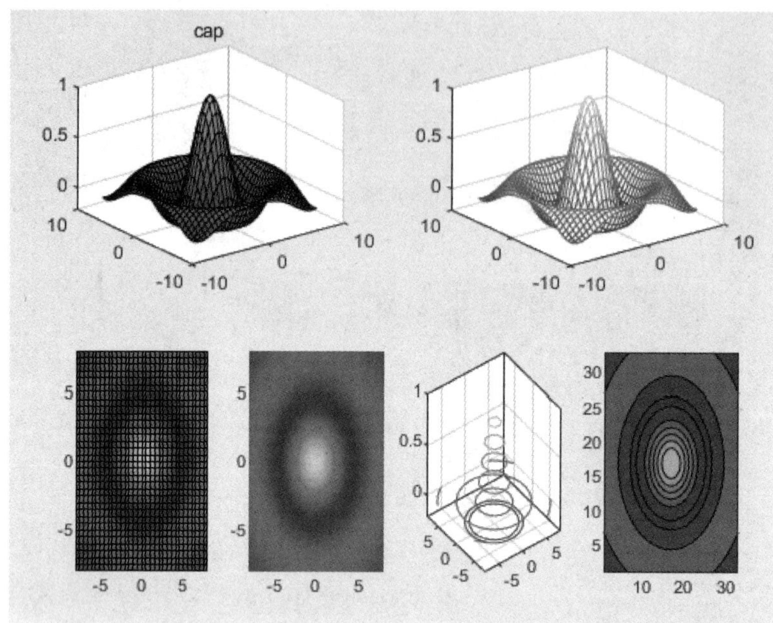

图 4.20　不同命令不同方式显示三维图

4.5　特殊图形的绘制

特殊图形主要指区域图、条形图、饼图、直方图、枝干图等，在数据统计中用得比较多。

4.5.1　区域图

当需要显示一个向量或矩阵中的某些元素占全体元素总和的比例时，用区域图就特别方便。

函数 area 根据向量或者矩阵中的各列生成一个区域图，它是将矩阵的各列元素绘制成曲线，然后进行充填生成图形。

调用格式：

```
area(x,y)
```

功能：绘制 y 随 x 变化的图形，并填充 0 和 y 之间的区域。

4.5.2　条形图

绘制条形图的函数有 bar 函数、barh 函数、bar3 函数以及 bar3h 函数，下面分别介绍。

1. bar 函数

绘制二维垂直条形图的 bar 函数调用格式如下：

(1) 调用格式 1：

bar(A)

功能：矩阵 A 有 n 行 m 列，则绘制 n 组直方图，每组有 m 个。

(2) 调用格式 2：

bar(A,'stack')

功能：绘制重叠式的条形图。

例 4.21　绘制二维条形图和重叠式条形图。

【代码】

```
X=[6 7 8; 1 3 5; 11 9 6; 2 4 8]
subplot(1,2,1)
bar(X)
xlabel('a、条形图')
subplot(1,2,2)
bar(X,'stack')
xlabel('b、叠加条形图')
```

运行结果如图 4.21 所示。

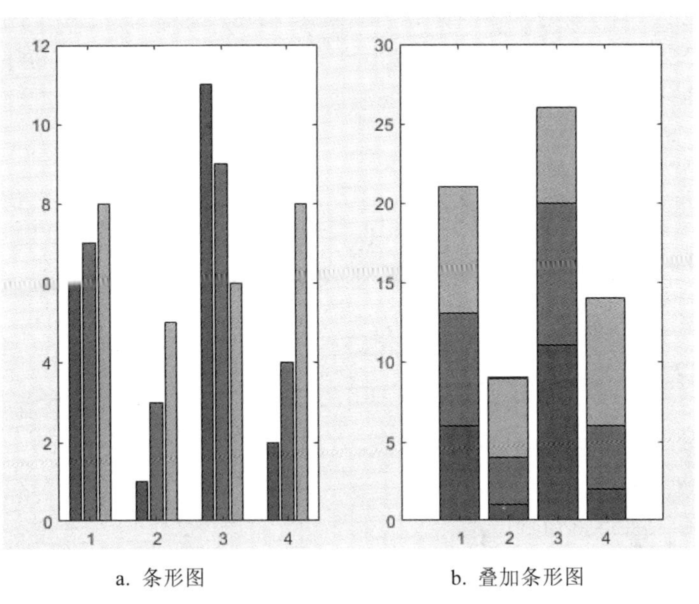

a. 条形图　　b. 叠加条形图

图 4.21　条形图显示实例

2. barh 函数

barh 函数可以绘制二维水平条形图。

3. bar3 函数

bar3 函数可以绘制三维垂直条形图。

三维条形图是根据矩阵中的每一个元素绘制一个长方体，各行元素沿 X 轴分布，各列元素沿 Y 轴分布，用 Z 轴表示元素的大小。

4. bar3h 函数

bar3h 函数可以绘制三维水平条形图。

4.5.3　饼图

饼图用于显示向量或矩阵中每个元素在其所有元素的总和中所占的百分比。

1. pie 函数

调用格式：

pie(X)

功能：使用 X 中的数据绘制二维饼图。饼图的每个扇区代表 X 中的一个元素。

如果 sum(X) = 1，X 中的值直接指定饼图扇区的面积。如果 sum(X)<1，则 pie 仅绘制部分饼图。如果 sum(X)>1，则 pie 通过 X/sum(X)对值进行归一化，以确定饼图的每个扇区的面积。

2. pie3 函数

调用格式：

pie3(X)

功能：使用 X 中的数据绘制三维饼图。饼图的每个扇区代表 X 中的一个元素。

如果 sum(X) = 1，则 X 中的值直接指定饼图扇区的面积。如果 sum(X)<1，则 pie3 仅绘制部分饼图。如果 sum(X)>1，则 pie3 通过 X/sum(X)对值进行归一化，以确定饼图的每个扇区的面积。

例 4.22　绘制二维和三维饼图。

【代码】

```
X=[56 78 60 99; 66 88 40 112; 65 90 56 130; 70 102 70 56]
Y=sum(X)
subplot(2,2,1)
pie(Y)
subplot(2,2,2)
pie(Y,[1,0,1,0])        %使第一、三块分离出来
legend('1','2','3','4','Location','NorthEastOutside')
subplot(2,2,3)
pie3(Y)
subplot(2,2,4)
pie3(Y,[1 0 0 0])
legend('1','2','3','4')
```

运行结果如图 4.22 所示。

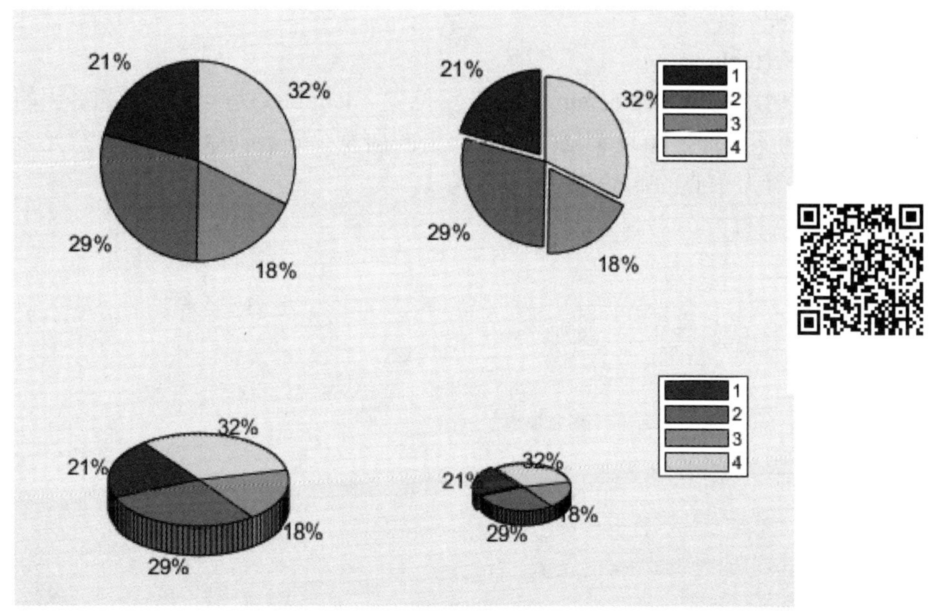

图 4.22 饼图显示实例

4.5.4 直方图

直方图是用图形化的方式显示数据值的分布。

直方图(Histogram)的形状类似柱状图，却与柱状图有着完全不同的含义。直方图涉及统计学概念，因此，首先要对数据进行分组，然后统计每个分组内数据元的数量。

在平面直角坐标系中，横轴标出每个组的端点，纵轴表示频数，每个矩形的高代表对应的频数，这样的统计图称为频数分布直方图。下面是绘制直方图的函数。

1. histogram 函数

该函数用于笛卡尔坐标系中数据的显示。

调用格式：

histogram(X)

功能：基于 X 创建直方图。histogram 函数使用自动分组算法，然后返回均匀宽度的组，这些组可涵盖 X 中的元素范围并显示分布的基本形状。histogram 将显示为矩形，这样每个矩形的高度就表示组中的元素数量。

2. rose 函数

该函数用于极坐标系中数据的显示。

(1) 调用格式 1：

rose(theta,n)

功能：创建一个角度直方图，这是一个极坐标图，显示根据其数值范围分组的值的分布，以及 theta 在 n 个或 20 个(默认)中的分布。向量 theta 以弧度表示，用于确定从原点开始的每个 bin 的角度。每个 bin 的长度反映 theta 中位于组内的元素数，范围从 0 到任一 bin 中放置的元素的最大数量。

(2) 调用格式 2：

rose(theta,x)

功能：使用向量 x 指定 bin 的数量和位置。length(x)是 bin 的数量，x 的值指定每个 bin 的圆心角。例如，如果 x 是一个五元素的向量，则 rose 将 theta 中的元素分布在五个以指定的 x 值为中心的 bin 中。

例 4.23　直方图绘制实例。

【代码】

```
X=randn(2000,1)
subplot(2,1,1)
histogram(X,15)
hold on
histogram(X,30)
subplot(2,2,3)
rose(X,20)
subplot(2,2,4)
rose(X,40)
```

运行结果如图 4.23 所示。

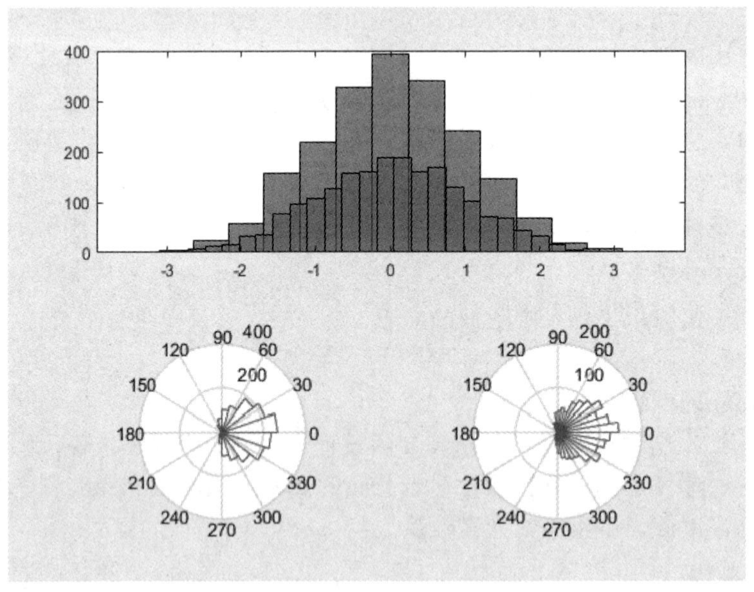

图 4.23　直方图函数显示实例

4.5.5　枝干图

将每个离散的数据显示成尾部带有标记符号的线条，称为枝干。绘制枝干图的函数是 stem。调用格式如下：

(1) 调用格式 1：

stem(Y)

功能：将数据序列 Y 从 x 轴到数据值按照茎状形式画出，以圆圈终止。如果 Y 是一个矩阵，则将其每一列按照分隔方式画出。

(2) 调用格式 2：

stem(X,Y)

功能：在 X 的指定点处画出数据序列 Y。

(3) 调用格式 3：

stem(X,Y,'filled')

功能：以实心的方式画出茎秆。

例 4.24 枝干图绘制实例。

【代码】

```
X=[1 3 -3.4 5 0 9 0.1]
subplot(2,1,1)
stem(X)
subplot(2,1,2)
stem(X,'filled')
```

运行结果如图 4.24 所示。

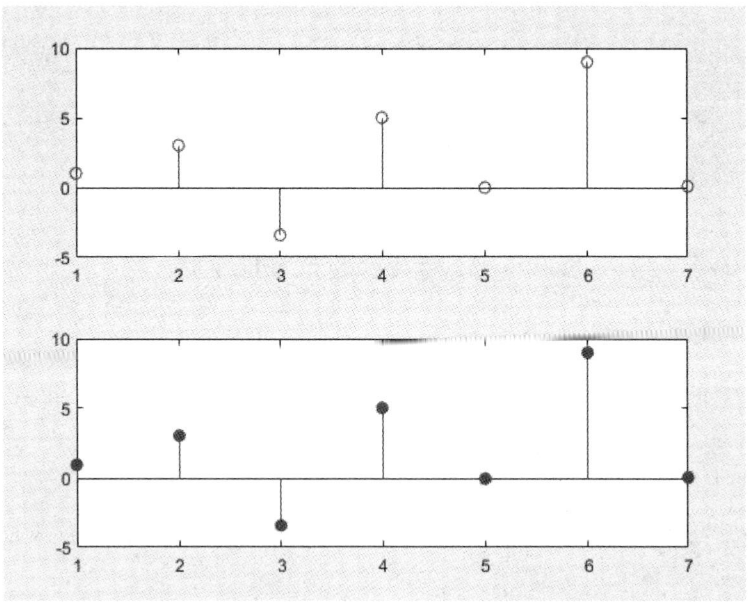

图 4.24 枝干图函数显示实例

第五章　符 号 运 算

MATLAB 具有强大的数值计算功能，深受专业人员的喜爱。但是，在数学、物理、力学等科研、工程应用中经常会遇到符号运算的问题，有些 MATLAB 用户就需要学习其他的符号运算语言，如 Maple、Mathematic、MathCAD 等。因此，Mathworks 公司于 1993 年从加拿大滑铁卢大学购入了 Maple 的使用权，并在此基础上，利用 Maple 的函数库，开发了 MATLAB 语言的又一重要工具箱——符号计算工具箱(Symbolic Toolbox)。从此，MATLAB 集数值计算、符号计算和图形处理三大基本功能于一体，成为数学计算各语言中功能最强、操作最简单以及最受用户喜爱的语言。

所谓符号运算指的是用符号常量、符号变量、符号函数、符号操作等形成符号表达式，按照数学中的规则进行计算，尽可能地给出解析表达式的结构。相对于数值计算而言，符号运算的对象不是确定的数值，而是数学符号，比如数学上的定积分 $\int_a^b x\mathrm{d}x = \frac{1}{2}(b^2 - a^2)$ 。

符号运算的特点：在运算过程中，变量都是以字符形式保存和运算的，即使是数字也被当作字符来处理。

5.1　符号表达式的创建

符号表达式主要包括符号函数和符号方程，其中符号方程必须带等号，符号函数不包括等号。二者的创建方式相同，最简单的方法和 MATLAB 中字符串变量的生成方法相同。

1. sym 函数

sym 函数常用来定义单个符号量(包括常量、变量以及表达式)。

调用格式：

符号量名=sym('符号字符串')

例如：a=sym('a')。

2. syms 函数

与 sym 函数相对应，syms 函数用来定义多个(包括一个)符号量的函数。

调用格式：

syms　符号变量名 1 符号变量名 2 …　符号变量名 n

注：用 syms 定义符号变量时，变量名上不能加字符串分界符，变量之间用空格分隔。

例如：

```
>>syms x;
>>f=sin(x)+cos(x)
```

【运行结果】

```
f = sin(x) + cos(x)
```

又如：

```
>>syms x t;
>>f=sin(x)+cos(t)
```

【运行结果】

```
f =sin(x) + cos(t)
```

例 5.1 创建符号函数。

```
>> syms x
>> f(x)=log(x)
```

或

```
>>syms f(x)
>>f(x)=log(x)
```

例 5.2 创建符号方程。

```
>> syms x a b c
>> equation=a*x^2+b*x+c==0
```

例 5.3 创建符号微分方程。

```
>> diffeq='Dy-y=x'
```

或

```
>> syms x y
>> diffeq='Dy-y=x'
```

在定义符号常量时，常用的格式为 S = sym(A,flag)，其中 A 为数值常量，可以是标量或者数值矩阵，flag 用于符号常量 S 的输出格式，主要有如表 5.1 所示的几种格式。

表 5.1 数值符号常数的显示

'f'	最接近的浮点数
'r'	最接近的有理数，默认
'e'	带估计误差的有理数表示
'd'	最接近的十进制浮点数表示

5.2 符号表达式的运算

符号表达式既可以进行加减乘除运算，也可以进行数学上的因式分解和同类项合并等。

5.2.1　四则运算

矩阵的加(+)、减(−)、乘(*)、除(/、\)可以直接利用数学格式下的加减乘除运算符号，符号矩阵的转置(')也和数学格式下的转置(')相同。基础的符号四则运算包括下列四种：

(1) 符号表达式相加：sym(A) + sym(B)。

(2) 符号表达式相减：sym(A) − sym(B)。

(3) 符号表达式相乘：sym(A)*sym(B)。

(4) 符号表达式相除：sym(A)/sym(B)。

例 5.4　符号的加减乘除运算实例。

【代码】

```
>>syms x y t a b c d
>>C=sym(sin(t))+sym(cos(t))
>>A=sym([a b;c d])
>>B=sym([x 1;y 2])
>>C1=A*B
>>C2=A/B
```

【运行结果】

```
C =cos(t) + sin(t)
A =
    [ a, b]
    [ c, d]
B =
    [ x, 1]
    [ y, 2]
C1 =
    [ a*x + b*y, a + 2*b]
    [ c*x + d*y, c + 2*d]
C2 =
    [ (2*a - b*y)/(2*x - y), -(a - b*x)/(2*x - y)]
    [ (2*c - d*y)/(2*x - y), -(c - d*x)/(2*x - y)]
```

5.2.2　因式分解与展开

MATLAB 提供了符号表达式的因式分解函数 factor 与因式展开函数 expand。

1. factor 函数

调用格式：

　　factor(s)

功能：对符号表达式 s 进行因式分解。

2. expand 函数

调用格式：

expand(s)

功能：对符号表达式 s 进行因式展开。

例 5.5　符号表达式因式分解实例。

【代码】

```
>>syms x y a b
>>factor(x^3-y^3)
```

【运行结果】

```
ans =
    [ x - y, x^2 + x*y + y^2]
```

例 5.6　符号表达式展开实例。

【代码】

```
>>expand((a+b)^2)
```

【运行结果】

```
ans =
    a^2 + 2*a*b + b^2
```

5.2.3　合并同类项

合并同类项的函数 collect 的调用格式如下：

(1) 调用格式 1：

collect(s)

功能：对符号表达式 s 合并同类项。

(2) 调用格式 2：

collect(s,V)

功能：对符号表达式 s 按变量 V 进行同类项合并。

例 5.7　符号表达式合并同类项实例。

【代码】

```
>>R=collect((x+y)*(x^2+y^2+1))
```

【运行结果】

```
R =
    x^3 + y*x^2 + (y^2 + 1) *x + y* (y^2 + 1)
```

例 5.8　符号表达式 s 按指定变量合并同类项实例。

【代码】

```
>>collect((x+y)* (x^2+y^2+1),y)
```

【运行结果】

```
ans =
    y^3 + x*y^2 + (x^2 + 1)*y + x*(x^2 + 1)
```

5.3　符号矩阵的常用函数

符号矩阵的函数和数值型矩阵的函数同名。例如，符号矩阵求逆的函数是 inv，数值矩阵求逆的函数也是 inv。但是，利用 help 命令寻求符号类函数的帮助时，需要加上 sym。

调用格式：help sym/函数名。

5.3.1　符号矩阵求逆、行列式运算、幂运算及指数运算

1. inv 函数

调用格式：

inv(s)

功能：对符号矩阵求逆。

2. det 函数

调用格式：

det(s)

功能：符号矩阵的行列式运算。

3. rank 函数

调用格式：

rank(s)

功能：求符号矩阵的秩。

4. 符号(^)

调用格式：

s^n

功能：对符号矩阵进行幂运算。

符号矩阵的幂运算和数学格式下的幂运算相同。

例 5.9　符号矩阵运算实例。

【代码】

```
>>syms x
>>b=sym([x,1;x+2,0]);
>>a=[1/x,1/(x+1);1/(x+2),1/(x+3)];
>>x1=b+a            %矩阵加法
>>x2=a\b            %矩阵除法
>>x3=a'             %矩阵转置
>>x4=det(a)         %矩阵行列式
>>x5=inv(b)         %矩阵的逆
```

```
>>x6=rank(a)          %矩阵的秩
>>x7=a^2              %矩阵的幂运算
```

【运行结果】

```
x1 =
    [      x + 1/x, 1/(x + 1) + 1]
    [x + 1/(x + 2) + 2, 1/(x + 3)]
x2 =
    [-x* (2*x^2 + 7*x + 6),   (x* (x^2 + 3*x + 2))/2]
    [ 2* (x + 1)^2* (x + 3), -(x* (x + 1) * (x + 3))/2]
x3 =
    [         1/conj(x), 1/(conj(x) + 2)]
    [1/(conj(x) + 1), 1/(conj(x) + 3)]
x4 =
    2/(x* (x + 1) * (x + 2) * (x + 3))
x5 =
    [0,   1/(x + 2)]
    [1, -x/(x + 2)]
x6 =
    2
x7 =
    [         1/((x + 1) * (x + 2)) + 1/x^2, 1/(x* (x + 1)) + 1/((x + 1) * (x + 3))]
    [1/(x*(x + 2)) + 1/((x + 2) * (x + 3)),      1/(x + 3)^2 + 1/((x + 1) * (x + 2))]
```

5. exp 函数

调用格式：

exp(b)

功能：求符号矩阵的“数组指数”运算。

6. expm 函数

调用格式为：

expm(b)

功能：求符号矩阵的“矩阵指数”运算。

例 5.10 符号矩阵指数运算实例。

【代码】

```
>>syms x
>>b=sym([x,1;x+2,0]);
>>M=exp(b)
>>a=[0 1;3 2];
>>syms t
>>N=expm(a*t)
```

【运行结果】

```
M =
    [        exp(x), exp(1)]
    [ exp(x + 2),          1]
N =
    [        (3*exp(-t))/4 + exp(3*t)/4,     exp(3*t)/4 - exp(-t)/4]
    [ (3*exp(3*t))/4 - (3*exp(-t))/4, exp(-t)/4 + (3*exp(3*t))/4]
```

5.3.2 符号矩阵分解函数

1. eig 函数

调用格式：

　　eig(s)

功能：对符号矩阵进行特征值分解。

例 5.11　符号矩阵特征值分解实例。

【代码】

```
>>syms x
>>b=sym([x,1;x+2,0]);
>>[x1 y1]=eig(b)
```

【运行结果】

```
x1 =
    [ (x/2 - (x^2 + 4*x + 8)^(1/2)/2)/(x + 2), (x/2 + (x^2 + 4*x + 8)^(1/2)/2)/(x + 2)]
    [          1,                                      1]
y1 =
    [ x/2 - (x^2 + 4*x + 8)^(1/2)/2,                                  0]
    [                                  0, x/2 + (x^2 + 4*x + 8)^(1/2)/2]
```

2. jordan 函数

调用格式：

　　jordan(s)

功能：求符号矩阵的约当标准型函数。

例 5.12　约当标准型函数使用实例。

【代码】

```
>>a=sym([1 1 2;0 1 3;0 0 2]);
>>[x y]=jordan(a)
```

【运行结果】

```
x =
    [ 5, -5, -5]
    [ 3,   0, -5]
```

```
    [1,   0,   0]
y =
    [2, 0, 0]
    [0, 1, 1]
    [0, 0, 1]
```

5.3.3 符号矩阵的三角抽取函数

1. diag 函数

调用格式：

diag(S)

功能：获取符号矩阵 S 的对角线元素。

2. tril 函数

调用格式：

tril(S)

功能：获取符号矩阵 S 的下三角矩阵。

3. triu 函数

调用格式：

triu(S)

功能：获取符号矩阵 S 的上三角矩阵。

例 5.13 三角抽取函数调用实例。

【代码】

```
>>syms a b t x y
>>z=sym([x*y x^a sin(y);t^a log(y) b;y exp(t) x])
>>a=diag(z)
>>b=tril(z)
>>c=triu(z)
```

【运行结果】

```
z =
    [ x*y,      x^a, sin(y)]
    [ t^a, log(y),        b]
    [   y, exp(t),        x]
a =
    x*y
    log(y)
    x
b =
    [ x*y,        0, 0]
```

```
    [ t^a, log(y), 0]
    [   y, exp(t), x]
c =
    [ x*y,    x^a, sin(y)]
    [   0, log(y),      b]
    [   0,      0,      x]
```

5.3.4　符号矩阵的简化

1. 因式分解函数 factor

调用格式：

factor(S)

功能：对符号矩阵 S 进行因式分解；如果 s 包含的所有元素为整数，则进行素数因式分解。

例 5.14　因式分解函数调用实例。

【代码】

```
>>syms x
>>a=factor(x^9-1)
>>b=factor(sym('12345675901234567590'))    %分解大整数
```

【运行结果】

```
a =
    [ x - 1, x^2 + x + 1, x^6 + x^3 + 1]
b =
    [ 2, 3, 5, 101, 3541, 27961, 41152253]
```

2. 展开函数 expand

调用格式：

expand(S)

功能：对符号矩阵 S 各元素的符号表达式进行展开，也常用于三角函数、指数函数和对数函数的展开中。

例 5.15　函数展开实例。

【代码】

```
>>syms x y
>>a=expand([(x-1)^2,(x-1)^2])
>>b=expand([sin(x+y),cos(x-y)])
```

【运行结果】

```
a =
    [ x^2 - 2*x + 1, x^2 - 2*x + 1]
```

```
b =
     [ cos(x)*sin(y) + cos(y)*sin(x), cos(x)*cos(y) + sin(x)*sin(y)]
```

3. 同类项合并函数 collect

(1) 调用格式 1：

collect(S,v)

功能：将符号矩阵 S 中各元素的 v 的同幂项系数合并。

(2) 调用格式 2：

collect(S)

功能：对由 findsym 函数返回的默认变量进行同类项合并。

例 5.16　合并同类项实例。

【代码】

```
>>syms x y
>>a=collect(x^2*y+y*x-x^2-2*x)
>>b=collect(x^2*y+y*x-x^2-2*x,y)
```

【运行结果】

```
a =
    (y - 1)*x^2 + (y - 2)*x
b =
    (x^2 + x)*y - x^2 - 2*x
```

4. 化简函数 simplify

调用格式：

simplify(S)

功能：将符号表达式按一定规则化简。

例 5.17　符号化简函数实例。

【代码】

```
>>syms x c alpha beta
>>a=simplify(sin(x)^2+cos(x)^2)
>>b=simplify(exp(c*log(sqrt(alpha+beta))))
```

【运行结果】

```
a =
    1
b =
    (alpha + beta)^(c/2)
```

5. 通分函数 numden

调用格式：

[N D]=numden(A)

功能：求解符号表达式的分子和分母，把 A 的各元素转换成分子和分母都是整系数的最佳多项式型。

例 5.18　通分函数使用实例。

【代码】

```
>>syms x y
>>[n d]=numden(x/y+y/x)
```

【运行结果】

```
n =
    x^2 + y^2
d =
    x*y
```

5.4　符号微积分

符号计算的优点是可以给出解析解，根据解析解计算任意精度的数值解，因此，符号微积分在解决工程问题时，弥补了数值解精度不足的缺陷。

5.4.1　符号极限函数

下面介绍符号极限函数 limit 的使用方式。为了简化，函数表达式直接在代码中表示。

(1) 调用格式 1：

limit(f,x,a)

功能：计算变量 x 趋近于常数 a 时 f(x)函数的极值。

例 5.19　符号极限函数实例 1。

【代码】

```
>>syms a m x
>>f=x*(exp(sin(x))+1)-2*(exp(tan(x))-1)/(x+a);
>>limit(f,x,a)
```

【运行结果】

```
ans =
    a*(exp(sin(a)) + 1) - (2*exp(sin(a)/cos(a)) - 2)/(2*a)
```

(2) 调用格式 2：

limit(f,a)

功能：计算默认变量的极限。如果没有指定符号函数 f(x)的自变量，则使用该格式时，符号函数 f(x)的变量为函数 findsym(f)确认的默认自变量，即变量 x 趋近于 a。

例 5.20　符号极限函数实例 2。

【代码】

```
>>syms x t
>>limit((1+2*t/x)^(3*x),inf)
```

【运行结果】

```
ans =
    exp(6*t)
```

(3) 调用格式 3：

limit(f)

功能：求符号函数 f(x)的极限值。符号函数 f(x)的变量为函数 findsym(f)确定的默认变量；如果没有指定变量的目标值，系统默认变量趋近于 0，即 x = 0 的情况。

例 5.21 符号极限函数实例 3。

【代码】

```
>>syms x
>>f=sin(x)/x;
>>limit(f)
```

【运行结果】

```
ans =
   1
```

(4) 调用格式 4：

limit(f,x,a,'right')

功能：计算变量 x 从右边趋近于 a 时表达式 f 的极限。

例 5.22 符号极限函数实例 4。

【代码】

```
>>syms x
>>f=(sqrt(x)-sqrt(2)-sqrt(x-2))/sqrt(x*x-4);
>>limit(f,x,2,'right')
```

【运行结果】

```
ans =
   -1/2
```

(5) 调用格式 5：

limit(f,x,a,'left')

功能：计算变量 x 从左边趋近于 a 时表达式 f 的极限。

例 5.23 符号极限函数实例 5。

【代码】

```
>>syms x
>>f=x*(sqrt(x^2+1)-x);
>>limit(f,x,inf,'left')
```

【运行结果】

```
ans =
    1/2
```

5.4.2　符号导数函数

求符号导数的函数名为 diff。下面展示函数 diff 的几种常用调用格式：

(1) 调用格式 1：

diff(s)

功能：求表达式 s 的一阶导数，即 ds/dx。求导数时，如果没有指定变量和导数阶数，则系统按 findsym 函数指示的默认变量对符号表达式 s 求一阶导数。

(2) 调用格式 2：

diff(s,'v')

功能：指定自变量为 v，对符号表达式 s 求一阶导数。

(3) 调用格式 3：

diff(s,n)

功能：按 findsym 函数指示的默认变量对符号表达式 s 求 n 阶导数，n 为正整数。

(4) 调用格式 4：

diff(s,'v',n)

功能：指定变量 v 为自变量，对符号表达式 s 求 n 阶导数。即 $\mathrm{d}^n s / \mathrm{d}v^n$。

5.4.3　符号积分函数

下面介绍符号积分函数 int 的使用方式。

(1) 调用格式 1：

int(s)

功能：没有指定积分变量和积分阶数时，系统按 findsym 函数指示的默认变量对被积函数或符号表达式 s 求不定积分。

(2) 调用格式 2：

int(s,v)

功能：以 v 为自变量，对被积函数或符号表达式 s 求不定积分。

(3) 调用格式 3：

int(s,v,a,b)

功能：求定积分运算，a、b 分别为定积分的下限和上限。a 和 b 既可以是两个具体的数，也可以是一个符号表达式，还可以是无穷大(inf)。当函数 s 关于变量 v 在闭区间[a，b]上可积时，函数返回一个定积分结果。当 a、b 中有一个是 inf 时，函数返回一个广义积分。当 a、b 中有一个是符号表达式时，函数返回一个符号函数。

例 5.24　求二重定积分 $A=\int_0^1\int_x^{x+1}(x^2+y^2+1)\mathrm{d}x\mathrm{d}y$。

【代码】

```
>>syms x y
>>A=int(int(x^2+y^2+1,y,x,x+1),x,0,1)
```

【运行结果】

```
A =
    5/2
```

5.5　级 数 求 和

常用 symsum 函数解决级数求和问题。常用的调用格式如下：

(1) 调用格式 1：

r=symsun(s)

功能：对表达式 s 的符号变量 k(系统默认)从 0 到 k－1 求和。

(2) 调用格式 2：

r=symsum(s,a,b)

功能：对表达式 s 的符号变量 k(系统默认)从 k = a 到 k = b 求和。

(3) 调用格式 3：

r=symsum(s,v)

功能：对表达式 s 的符号变量 v 从 0 到 v－1 求和。

(4) 调用格式 4：

r=symsum(s,v,a,b)

功能：对表达式 s 的符号变量 v 从 v = a 到 v = b 求和。

例 5.25　级数求和实例。

【代码】

```
>>syms k s x f
>>a=symsum(k)
>>b=symsum(1/s,1,10)
>>f=1/x;
>>c=symsum(f,x,3,10)
```

【运行结果】

```
a =
    k^2/2 - k/2
b =
    7381/2520
c =
    3601/2520
```

5.6 函数的泰勒级数

函数 taylor 将符号表达式展开为幂级数。

调用格式：

taylor(f,v,n,a)

功能：该函数将 f 按变量 v 展开为泰勒级数，展开到第 n 项(即变量 v 的 n−1 次幂)为止，n 的缺省值为 6。v 的缺省值与 diff 函数相同。参数 a 指定将函数 f 在自变量 v = a 处展开，a 的缺省值为 0。

例 5.26　求函数在指定点的泰勒级数展开式。

【代码】

```
>>syms f x
>>f=exp(x);
>>taylor(f,x,'order',5)
```

【运行结果】

```
ans =
    x^4/24 + x^3/6 + x^2/2 + x + 1
```

5.7 符号方程求解

MATLAB 中符号方程求解包括代数方程求解和微分方程求解。

5.7.1 符号代数方程求解

符号代数方程求解的函数是 solve，其调用格式如下：

(1) 调用格式 1：

solve(s)

功能：求解符号表达式 s 的代数方程，求解变量为默认变量。

(2) 调用格式 2：

solve(s,v)

功能：求解符号表达式 s 的代数方程，求解变量为 v。

(3) 调用格式：

solve(s1,s2,⋯,sn, v1,v2, ⋯, vn)

功能：求解符号表达式 s1，s2，⋯，sn 组成的代数方程组，求解变量分别为 v1，v2，⋯，vn。

例 5.27　符号方程求解实例。

【代码】

```
>>syms x y a b c
>>a=solve(a*x^2+b*x+c,b)
>>[x,y]=solve(x^2*y^2-2*x-1==0,x^2-y^2-1==0)
```

【运行结果】

```
a =
     -(a*x^2 + c)/x
x =
     1/2 - 5^(1/2)/2
     5^(1/2)/2 + 1/2
     (3^(1/2)*1i)/2 - 1/2
     - (3^(1/2)*1i)/2 - 1/2
     1/2 - 5^(1/2)/2
     5^(1/2)/2 + 1/2
     (3^(1/2)*1i)/2 - 1/2
     -(3^(1/2)*1i)/2 - 1/2
y =
     -(1/2 - 5^(1/2)/2)^(1/2)
     -(5^(1/2)/2 + 1/2)^(1/2)
     -(- (3^(1/2)*1i)/2 - 3/2)^(1/2)
     -((3^(1/2)*1i)/2 - 3/2)^(1/2)
     (1/2 - 5^(1/2)/2)^(1/2)
     (5^(1/2)/2 + 1/2)^(1/2)
     (- (3^(1/2)*1i)/2 - 3/2)^(1/2)
     ((3^(1/2)*1i)/2 - 3/2)^(1/2)
```

5.7.2 符号常微分方程求解

在 MATLAB 中，用大写字母 D 表示导数。例如，Dy 表示 y'，D2y 表示 y''，Dy(0) = 5 表示 $y'(0)=5$。D3y + D2y + Dy − x + 5 = 0 表示微分方程 $y'''+y''+y'-x+5=0$。

1. 符号常微分方程求解

调用格式：

dsolve(e,c,v)

功能：该函数求解常微分方程 e 在初值条件 c 下的特解，参数 v 描述方程中的自变量。省略时按缺省原则处理，若没有给出初值条件 c，则求方程的通解。

例 5.28 符号微分方程求解实例。

【代码】

```
>>syms y
>>dsolve('Dy=a*y','y(0)=5')
```

【运行结果】

```
ans =
    5*exp(a*t)
```

2. 符号常微分方程组求解

调用格式：

dsolve(e1,e2,…,en,c1,c2,…,cn,v1,v2,…,vn)

功能：该函数求解常微分方程组 e1，e2，…，en 在初值条件 c1，c2，…，cn 下的特解，若不给出初值条件，则求方程组的通解，v1，v2，…，vn 给出求解变量。

5.8　符号和数值之间的转换

符号运算的目的之一是得到解析解，而要得到相对精确的数值解，就需要对解析解进行数值转换。在 MATLAB 中转换主要是由函数 digits 和 vpa 完成，并且在实际中这两个函数经常同变量替换函数 subs 配合使用。

1. 设置有效位数的函数 digits

调用格式：

digits(D)

功能：函数设置有效数字个数为 D 的近似精确值。

2. 符号表达式的数值显示函数 vpa

调用格式：

R = vpa(s)

功能：符号表达式 s 在 digits 函数设置下的精确的数值解。

例 5.29　求方程 $3x^2 - \mathrm{e}^x = 0$ 的精确解和各种精度的近似解。

【代码】

```
>>syms x
>>s=solve(3*x^2-exp(x)==0);
>>a=vpa(s)
>>b=vpa(s,6)
```

【运行结果】

```
a =
   0.91000757248870906065733829575937
   -0.45896226753694851459857243243406
```

```
b =
    0.910008
    -0.458962
```

例 5.30 设函数为 $f(x)=x-\cos(x)$，求此函数在 $x=\pi$ 点的值。

【代码】

```
>>syms x
>>f=x-cos(x);
>>f1=subs(f,x,'pi');
>>digits(25);
>>fv=vpa(f1)
>>fe=eval(f1)
```

【运行结果】

```
fv =
    4.141592653589793238462643
fe =
    4.1416
```

5.9 符号函数的二维图形

利用符号函数可以绘制表达式或函数的图形。

1. ezplot 函数

函数 ezplot 的常用调用格式如下：

(1) 调用格式 1：

ezplot(f)

功能：绘制 f(x)的函数图，这里 f 是包含单个符号变量 x 的字符串或字符表达式。x 轴的近似范围为[-2 × pi，2 × pi]。

(2) 调用格式 2：

ezplot(f,xmin,xmax)或 ezplot(f,[xmin,xmax])，根据设定的范围绘制图形。

例 5.31 符号函数图形绘制实例。

【代码】

```
>>subplot(2,1,1)
>>ezplot('erf(x)')      %绘制误差函数的图像
>>subplot(2,1,2)
>>ezplot('sin(x)')      %绘制三角函数的图像
```

运行结果如图 5.1 所示。

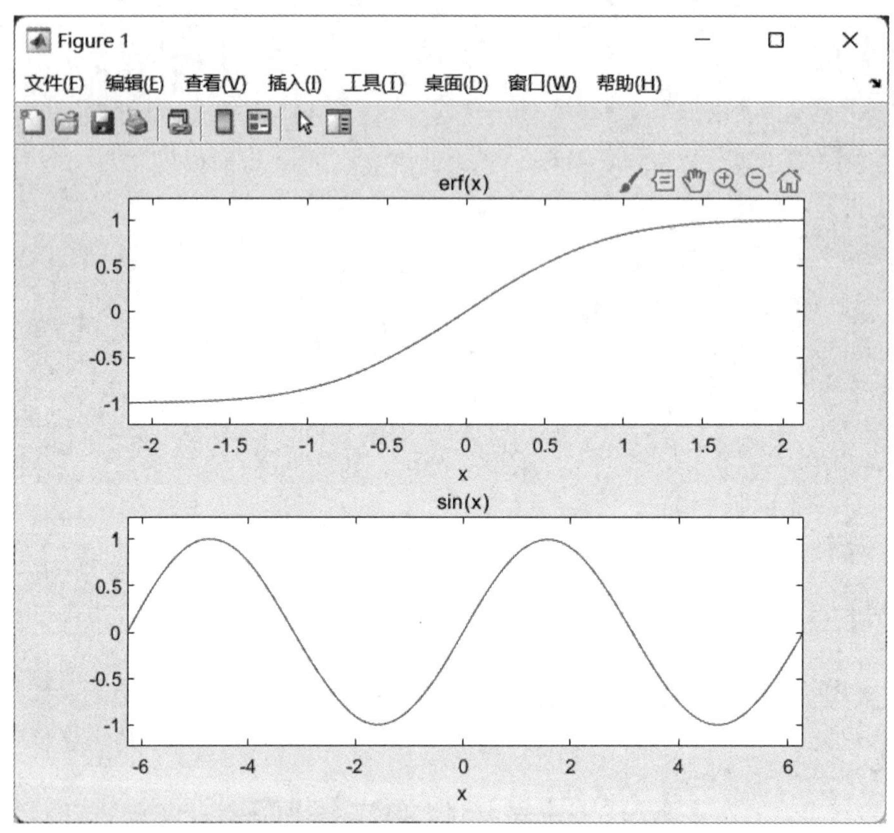

图 5.1　利用符号函数绘制误差函数和正弦函数

2. fplot 函数

函数 fplot 的常用调用格式如下：

(1) 调用格式 1：

```
fplot(fun,lims)
```

功能：绘制由字符串 fun 指定函数名的函数在 x 轴区间为 lims = [xmin，xmax]的函数图。若 lims = [xmin，xmax，ymin，ymax]，则 y 轴也被输入限制。fun 必须为一个 M 文件的函数名或对变量 x 的可执行字符串。

(2) 调用格式 2：

```
fplot(fun,lims,tol)
```

功能：其中 tol<1 用来指定相对误差精度，默认值为 tol = 0.002。

(3) 调用格式 3：

```
fplot(fun,lims,'LineSpec')
```

功能：以指定线型绘制图形。

(4) 调用格式 4：

```
[x,y]=fplot(fun,lims,⋯)
```

功能：只返回用来绘图的点的向量值，而不绘制图形。

例 5.32　fplot 函数使用实例。

创建函数文件 humps.m。

【代码】

```
function y=humps(x)
if nargin==0,x=0:0.5:1;
end
y=1./((x-0.3).^2+0.1)+1./((x-0.9).^2+0.4)-6;
```

在命令窗口输入：

```
>>subplot(2,2,1),fplot(@humps,[0 1])            %绘制 humps.m 中函数表达式的图形
>>subplot(2,2,2);fplot(@(x) abs(exp(-j*x*(0:9))*ones(10,1)),[0 2*pi])
                                                %直接输入函数表达式
>>subplot(2,2,3);fplot(@(x) [tan(x),sin(x),cos(x)],2*pi*[-1 1])
                                                %绘制内部函数 tan,sin,cos 的图形
>>subplot(2,2,4);fplot(@(x) sin(1./x),[0.01 0.1],1e-3)
                                                %绘制 sin(1/x)的图形
```

运行结果如图 5.2 所示。

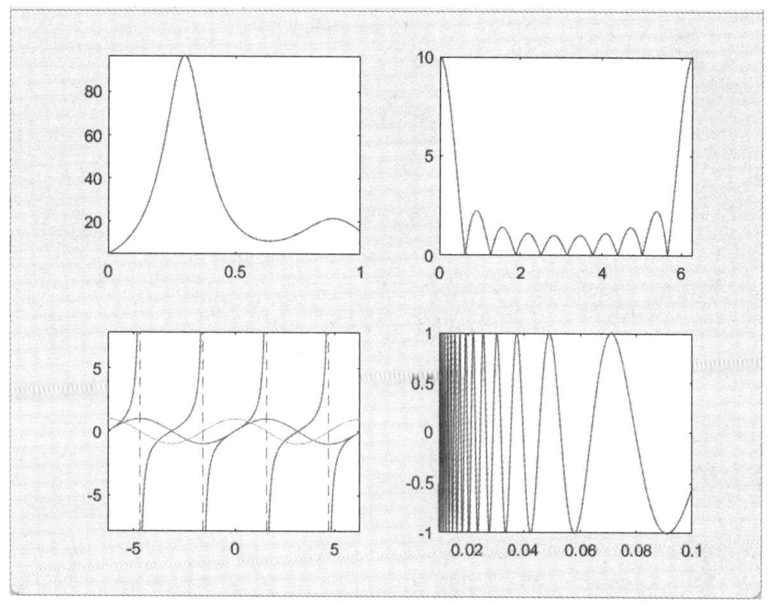

图 5.2 fplot 函数绘制不同曲线图

第六章　MATLAB 统计函数

数理统计是信息处理、科学决策的重要理论和方法，其内容丰富、逻辑严谨、实践性强，在统计应用过程中，MATLAB 是一个非常重要并且使用方便的软件工具。

6.1　常用数据统计处理函数

MATLAB 提供的常用统计函数如表 6.1 所示。

表 6.1　常用统计函数

max(x)	找出 x 的最大值
max(x,y)	找出 x 和 y 的最大值
[y,i]=max(x)	找出 x 的最大值 y 及位置 i
cumsum(x)	计算数组 x 的累加值
std(x)	计算数组 x 的元素的标准差
cumprod(x)	计算数组 x 的累加连乘值
mean(x)	计算数组 x 的平均值
median(x)	计算数组 x 的中位数
sum(x)	计算数组 x 的和

6.1.1　求最大值和最小值函数

MATLAB 的函数 max 和 min 的功能强大，既可以找最大(最小)值，还可以进行两个变量的比较，选出大值或小值，使用起来非常方便，两个函数的调用格式和操作过程类似。

1. 求最大值或最小值

求矩阵或向量的最大值和最小值的常用调用方式如下(下面的阐述中，X 表示向量，A 表示矩阵)：

(1) 调用格式 1：

```
y=max(X)
```

功能：求向量的最大值，将向量 X 的最大值存入 y，如果 X 中包含复数元素，则按模取最大值。

(2) 调用格式 2：

[y,I]=max(X)

功能：求向量的最大值，并将向量 X 的最大值存入 y，最大值的序号存入 I，如果 X 中包含复数元素，则按模取最大值。

(3) 调用格式 3：

max(A)

功能：返回一个行向量，向量的第 i 个元素是矩阵 A 的第 i 列上的最大值。

(4) 调用格式 4：

[Y,U]=max(A)

功能：返回行向量 Y 和 U，Y 向量记录 A 的每列的最大值，U 向量记录每列最大值的行号。

(5) 调用格式 3：

max(A,[],dim)

功能：dim 取 1 或 2。dim 取 1 时，该函数和 max(A)完全相同；dim 取 2 时，该函数返回一个列向量，其第 i 个元素是 A 矩阵的第 i 行上的最大值。

求最小值的函数是 min，其用法和 max 完全相同。

例 6.1　求向量 x 的最大值。

【代码】

```
x=[-63,72,9,16,23,67];
y=max(x)                          %求向量 x 中的最大值
[y,I]=max(x)                      %求向量 x 中的最大值及其该元素的位置
```

【运行结果】

```
y =
    72
I =
    2
```

例 6.2　分别求 3 × 6 矩阵 x 中各列和各行元素中的最大值，并求整个矩阵的最大值和最小值。

【代码】

```
x=[69,13,76,48,70,67;
   31,43,79,44,75,65;
   95,38,18,64,27,16];
line_max=max(x,[],2);             %dim 取 2，计算矩阵每行的最大值
matrix_max=max(max(x))            %max 计算每列的最大值，两个 max 计算矩阵的最大值
matrix_min=min(min(x))
```

【运行结果】

```
matrix_max =
```

```
    95
matrix_min =
    13
```

2. 两个向量或矩阵对应元素的比较

函数 max 和 min 还能对两个同型的向量或矩阵进行比较。

(1) 调用格式 1：

U = max(A,B)

功能：A、B 是两个同型的向量或矩阵，输出变量 U 是与 A、B 同型的向量或矩阵，U 的每个元素等于 A、B 对应元素的较大者。

(2) 调用格式 2：

U = max(A,n)

功能：n 是一个标量，输出变量 U 是与 A 同型的向量或矩阵，U 的每个元素等于 A 对应的元素和 n 中的较大者。

min 函数的用法和 max 完全相同。

注意：max(A,[],dim)和 max(A,dim)的功能有一定的差异。max(A,[],dim)可返回维度 dim 上的最大元素。如果 A 为矩阵，则 max(A,[],2)是由每一行的最大值组成的列向量，max(A,[],1)是由每一列的最大值组成的行向量。max(A,dim)的输出结果和 A 矩阵大小相同，当 A 中某位置的元素值大于 dim 时，可用 dim 代替 A 中此位置的元素值。

例 6.3　求两个 2 × 3 矩阵 x、y 所有同一位置上的较大元素构成的新矩阵 p。

【代码】

```
x=[69,13,76;44,75,65];
y=[95,38,18;64,27,16];
p=max(x,y)
```

【运行结果】

```
p =
    95    38    76
    64    75    65
```

6.1.2　求和与求积

数据序列求和与求积的函数是 sum 和 prod，二者的使用方法类似。假设 X 是向量，A 是矩阵。

1. 求和函数 sum

(1) 调用格式 1：

sum(X)

功能：返回向量 X 各元素的和。

(2) 调用格式 2：

sum(A)

功能：返回一个行向量，其第 i 个元素是 A 的第 i 列的元素和。

(3) 调用格式 3：

sum(A,dim)

功能：矩阵求和(按照指定行或列)，当 dim 为 1 时，该函数等同于 sum(A)；当 dim 为 2 时，返回一个列向量，其第 i 个元素是 A 的第 i 行的各元素之和。

2. 求积函数 prod

(1) 调用格式 1：

prod(X)

功能：返回向量 X 各元素的乘积。

(2) 调用格式 2：

prod(A)

功能：返回一个行向量，其第 i 个元素是 A 的第 i 列的元素乘积。

(3) 调用格式 3：

prod(A,dim)

功能：矩阵求积(按照指定行或列)，当 dim 为 1 时，该函数等同于 prod(A)；当 dim 为 2 时，返回一个列向量，其第 i 个元素是 A 的第 i 行的各元素乘积。

例 6.4 求矩阵 A 的每行元素的乘积和全部元素的乘积。

【代码】

```
A=[2,2,3;3,1,2];
line_prod=prod(A,2)                    %dim 取 2，计算每行元素乘积
matrix_prod=prod(prod(A))
```

【运行结果】

```
line_prod =
     12
      6
matrix_prod =
     72
```

6.1.3 求平均值和中值

计算数据的平均值和中值，经常使用 mean 和 median 函数，mean 是求数据序列平均值的函数，median 是求数据序列中值的函数。设 X 是向量，A 是矩阵。

1. mean 函数

(1) 调用格式 1：

mean(X)

功能：求向量 X 的算术平均值。

(2) 调用格式 2：

mean(A)

功能：求矩阵 A 的算术平均值，输出结果为一个行向量，其第 i 个元素是 A 的第 i 列的算术平均值。

(3) 调用格式 3：

mean(A,dim)

功能：求矩阵A的算术平均值(指定按行或列)，当dim为1时，该函数等同于mean(A)；当 dim 为 2 时，返回一个列向量，其第 i 个元素是 A 的第 i 行的算术平均值。

2. median 函数

(1) 调用格式 1：

median(X)

功能：求向量 X 的中值。

(2) 调用格式 2：

median(A)

功能：求矩阵 A 的中值(默认方式)，输出结果为一个行向量，其第 i 个元素是 A 的第 i 列的中值。

(3) 调用格式：

median(A,dim)

功能：求矩阵 A 的中值(指定按行或列)，当 dim 为 1 时，该函数等同于 median(A)；当 dim 为 2 时，返回一个列向量，其第 i 个元素是 A 的第 i 行的中值。

例 6.5 分别求向量 x 与 y 的平均值和中值。

【代码】

```
x=[51.8 94.3 63.7 95.7 24.0 67.6 28.9 67.1 69.5];
ave_x=mean(x)
median_x=median(x)
```

【运行结果】

```
ave_x =
   62.5111
median_x =
   67.1000
```

6.1.4 求累加和与累乘积

在 MATLAB 中，使用 cumsum 和 cumprod 函数能方便求得向量和矩阵元素的累加和与累乘积向量。

1. cumsum 函数

(1) 调用格式 1：

cumsum(X)

功能：求向量 X 的累加和向量。

(2) 调用格式 2：

B=cumsum(A)

功能：求矩阵 A 累加和，输出结果 B 和输入矩阵 A 大小相同，其第 i 列是 A 的第 i 列的累加和向量。

(3) 调用格式 3：

cumsum(A,dim)

功能：按照指定方向求矩阵的累加和，当 dim 为 1 时，该函数等同于 cumsum(A)；当 dim 为 2 时，返回一个矩阵，其第 i 行是 A 的第 i 行的累加和向量。

2. cumprod 函数

(1) 调用格式 1：

cumprod(X)

功能：求向量 X 的累乘积向量。

(2) 调用格式 2：

C=cumprod(A)

功能：求矩阵 A 的累乘积，输出结果 C 和输入矩阵 A 大小相同，其第 i 列是 A 的第 i 列的累乘积向量。

(3) 调用格式 3：

cumprod(A,dim)

功能：按照指定方向求矩阵的累乘积，当 dim 为 1 时，该函数等同于 cumprod(A)；当 dim 为 2 时，返回一个向量，其第 i 行是 A 的第 i 行的累乘积向量。

例 6.6　求 s 矩阵的累加和、累乘积。

【代码】

```
s=[1 2 3 4 5];
x1=prod(s)
x2=cumsum(s)
x3=cumprod(s)
```

【运行结果】

```
x1 =
   120
x2 =
     1     3     6    10    15
x3 =
     1     2     6    24   120
```

6.1.5　求标准方差

求标准方差的函数为 std，其调用方式有下列几种(假设输入变量 X 代表向量，输入变量 A 代表矩阵)：

(1) 调用格式 1：

```
std(X)
```

功能：求向量 X 的标准方差。

(2) 调用格式 2：

```
std(A)
```

功能：求矩阵 A 的标准方差，返回一个行向量，它的各个元素便是矩阵 A 各列的标准方差。

(3) 按照控制旗标求矩阵 A 的标准方差。

① 调用格式 1：

```
Y=std(A,flag)
```

② 调用格式 2：

```
Y=std(A,flag,dim)
```

其中 flag 取 0 或 1，dim 取 1 或 2；缺省 flag = 0，dim = 1。

功能：当 flag = 0 时，Y 按 N-1 进行归一化；当 flag = 1 时，Y 按观测值数量 N 进行归一化。flag 也可以是包含非负元素的权重向量。在这种情况下，flag 的长度必须等于 std 将作用的维度的长度。

当 dim =1 时，求各列元素的标准方差；当 dim = 2 时，则求各行元素的标准方差。

例 6.7　对二维矩阵 A，从不同方向求出其标准方差。

【代码】

```
A=[25.4 22.4 66.7;
   84.4 34.4 78.0;
   67.5 56.4 60.2];
std_1=std(A,0,1)              %dim=1，求各列元素标准方差
std_2=std(A,0,2)              %dim=2，求各行元素标准方差
```

【运行结果】

```
std_1 =
   30.3837    17.2434    9.0072
std_2 =
   24.7561
   27.2088
    5.6412
```

6.1.6　求相关系数的函数

MATLAB 提供了函数，就可以求出数组的相关系数矩阵。

1. corrcoef 函数

计算相关系数函数 corrcoef，其调用格式如下：

(1) 调用格式 1：

```
M=corrcoef(A)
```

功能：返回一个相关系数矩阵。此相关系数矩阵的大小与矩阵 A 一样。把矩阵 A 的每列作为一个变量，然后求它们的相关系数。输出变量 M 中每个值所在行 a 和所在列 b，反映的是原矩阵 A 中相应的第 a 个列向量和第 b 个列向量的相似程度(和相关系数 corr 计算出的结果相同)。

(2) 调用格式 2：

N=corrcoef(A,B)

功能：计算 A 和 B 所有元素的相关系数(把矩阵 A、B 的元素值排成向量)，返回变量 N 为 2 × 2 矩阵。

(3) 调用格式 3：

r=corrcoef(x,y)

功能：计算输入向量 x 和输入向量 y 的相关系数，返回变量 r 为 2 × 2 的矩阵，其中对角线上的元素分别表示 x 和 y 的自相关，非对角线上的元素分别表示 x 与 y 的相关系数和 y 与 x 的相关系数，二者是相等的。计算 r 的数学公式如下：

$$r=\frac{\sum(x-\overline{x})(y-\overline{y})}{\sqrt{\sum(x-\overline{x})^2\sum(y-\overline{y})^2}}$$

2. 互相关函数 xcorr

调用格式：

C=xcorr(x,y)

功能：计算输入向量 x 和输入向量 y 的互相关值。

例 6.8 求向量 x1 和 x2 的相关系数。

【代码】

```
A=rand(5,7);B=rand(5,7);          %输入矩阵
M=corrcoef(A)                     %矩阵 A 的相关系数
N=corrcoef(A,B)
A1=A(:);B1=B(:);
out0=corrcoef(A1,B1)
LA1=A(:,1);
LB2=B(:,2);
av_LA1=sum(LA1)/length(LA1);
av_LB2=sum(LB2)/length(LB2);
r=sum((LA1-av_LA1).*(LB2-av_LB2))/sqrt(sum((LA1-av_LA1).^2).*sum((LB2-av_LB2).^2))
out1=corrcoef(LA1,LB2)
out2=corrcoef(LB2,LA1)
out3=corr(LA1,LB2)
out4=xcorr(LA1,LB2)
out5=xcorr(LA1,LA1)
```

【运行结果】

```
M =
    1.0000    0.9106   -0.0451    0.0292   -0.1577    0.5190   -0.3212
    0.9106    1.0000   -0.4153    0.4222   -0.3793    0.4424   -0.6686
   -0.0451   -0.4153    1.0000   -0.7830    0.2099   -0.0546    0.7332
    0.0292    0.4222   -0.7830    1.0000   -0.6381   -0.2688   -0.9466
   -0.1577   -0.3793    0.2099   -0.6381    1.0000   -0.1224    0.7336
    0.5190    0.4424   -0.0546   -0.2688   -0.1224    1.0000    0.0181
   -0.3212   -0.6686    0.7332   -0.9466    0.7336    0.0181    1.0000
N =
    1.0000    0.0099
    0.0099    1.0000
out0 =
    1.0000    0.0099
    0.0099    1.0000
r =
   -0.0641
out1 =
    1.0000   -0.0641
   -0.0641    1.0000
out2 =
    1.0000   -0.0641
   -0.0641    1.0000
out3 =
   -0.0641
out4 =
    0.2014
    0.5475
    1.1009
    1.5268
    1.4723
    1.3343
    0.7892
    0.3273
    0.1316
out5 =
    0.1059
    0.1779
    0.6677
    0.7072
    1.2160
```

```
0.7072
0.6677
0.1779
0.1059
```

6.1.7　综合分析函数

综合分析函数的调用格式如下：

调用格式：

ds=datastats(x)

功能：对数据 x 做统计运算，x 应该是一个实数列向量，如果以复数代入，其虚数部分将被忽略，ds 的内容如下：

① ds.num：样本容量。

② ds.max：最大值。

③ ds.min：最小值。

④ ds.mean：平均值。

⑤ ds.median：中值。

⑥ ds.range：最大值减最小值。

⑦ ds.std：标准差。

函数[xds,yds]=datastats(x,y)对数据 x 和 y 同时做统计运算，结果赋给变量 xds 和 yds。

例 6.9　综合分析函数调用实例。

【代码】

```
x1=[15 14 11 10 9 7 4 3 4 2];
x2=[13 17 15 11 13 17 13 11 11 11];
[da1,da2]=datastats(x1',x2')
```

【运行结果】

```
da1 =
  包含以下字段的 struct:
        num: 10
        max: 15
        min: 2
       mean: 7.9000
     median:8
      range: 13
        std: 4.6296
da2 =
  包含以下字段的 struct:
        num: 10
        max: 17
```

```
    min: 11
   mean: 13.2000
 median: 13
  range: 6
    std: 2.3944
```

6.1.8　生成随机数的函数

在分析工程问题时，如果要仿真不可预测且不规律的现象时，可以利用随机数的方式产生近似值。随机数根据统计特征分为：均匀随机数和常态随机数。均匀随机数是指其值均匀分布于给定区间，常态随机数则呈高斯分布。

1. rand 函数

rand 函数可生成区间[0 1]上的均匀随机数。

(1) 调用格式 1：

　　rand(n)

功能：生成 n × n 的均匀随机数矩阵。

(2) 调用格式 2：

　　rand(n,m)

功能：生成 n × m 的均匀随机数矩阵。

例 6.10　生成均匀分布的随机数并画直方图。

【代码】

```
rand(1,600);
subplot(2,1,1);hist(ans,20)
subplot(2,1,2);plot(ans)
```

运行结果如图 6.1 所示。

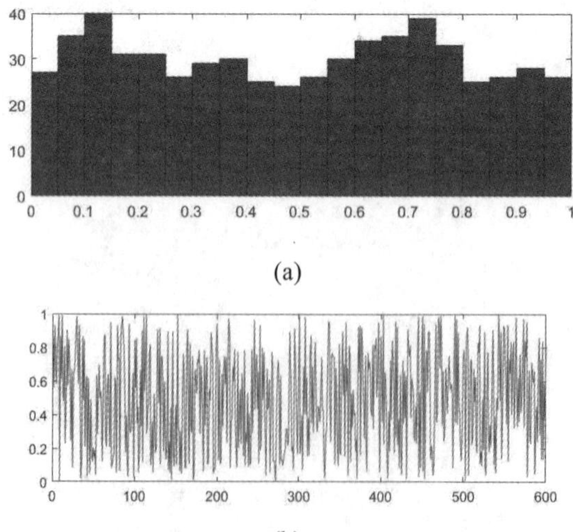

图 6.1　随机数的直方图(a)和随机数的曲线图(b)

如果要产生不介于[0 1]区间的随机数，则采用将随机数值从[0 1]区间转换到其他区间。

如果区间为[a,b]，a 为下限值，b 为上限值，则公式为 $x = (b - a) \times r + a$。

例 6.11 生成一个 10×7 的随机数矩阵，其值为 1 到 30 之间的整数。

【代码】

```
for i=1:10
    x(i,1:7)=round((30-1)*rand(1,7)+1);
end;
for i=1:10
    y(i,:)=sort(x(i,1:7));              %对各行进行升序排列
end
```

【运行结果】

```
x =
     2    23    16    15    27    19    19
    26    24    18     6     8    27     2
    15     6    29    22    16    15     3
    21     2     3    16     4    25    25
    22     5    20    16    29    20    24
    14    14    25     3     5     6    12
    25    24     3    13    16    13    20
    19     9    14     1    30     6     4
    12     7    15    11    29    28     3
    22     9    13    17    28    13    30
y =
     2    15    16    19    19    23    27
     2     6     8    18    24    26    27
     3     6    15    15    16    22    29
     2     3     4    16    21    25    25
     5    16    20    20    22    24    29
     3     5     6    12    14    14    25
     3    13    13    16    20    24    25
     1     4     6     9    14    19    30
     3     7    11    12    15    28    29
     9    13    13    17    22    28    30
```

2. randn 函数

randn 函数可生成符合常态分布的随机数，即符合高斯分布。函数 randn(n)和 randn(n,m)可分别产生 $n \times n$ 和 $n \times m$ 的随机数矩阵，其平均值为 0，方差为 1。

例 6.12　均匀随机数和常态随机数的比较。

【代码】

```
x=-2.9:0.2:2.9;
y=randn(1,5000);
subplot(2,1,1);hist(y,x)
title('Histogram of normal random data')
y1=rand(1,5000);
subplot(2,1,2);hist(y1)
title('Histogram of uniform random data')
```

运行结果如图 6.2 所示。

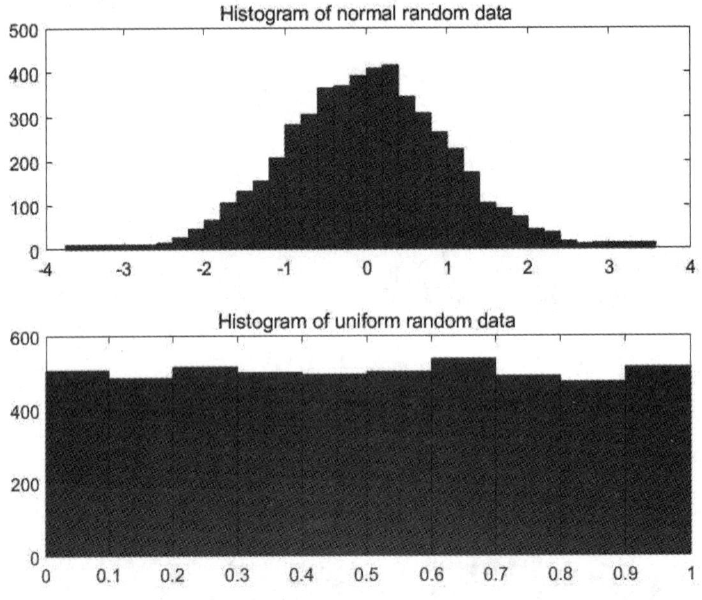

图 6.2　均匀随机数(上)和常态随机数(下)的直方图

如果要产生平均值和方差不为 0 和 1 的常态随机数，如平均值为 b，方差为 a，可先产生一组随机数 r，然后其值乘以 a，再加 b。

例 6.13　生成 50 个数的随机数，其平均值为 78，方差为 22。

【代码】

```
x=randn(1,20)*22+78;
x=round(x);                    %取整数
sort(x)                        %排序
x_mean=mean(x)
x_std=std(x)
```

【运行结果】

```
ans =
```

```
    23    48    48    49    56    67    79    81    83    83
    86    92    95   100   103   106   108   110   116   122
x_mean =
   82.7500
x_std =
   26.7796
```

如果随机数的个数越多，其平均值和方差就越接近要求。

例 6.14 生成满足正态分布的 10000 × 6 随机矩阵，然后求各列元素的平均值和标准方差，再求这 6 列随机数据的相关系数矩阵。

【代码】

```
X=randn(10000,6);
M=mean(X)
D=std(X)
R=corrcoef(X)
```

【运行结果】

```
M =
   -0.0005   -0.0058   -0.0048   -0.0079   -0.0092   -0.0026
D =
    1.0042    0.9888    0.9910    1.0099    1.0039    1.0009
R =
    1.0000    0.0022   -0.0074   -0.0043   -0.0023   -0.0089
    0.0022    1.0000   -0.0185   -0.0031   -0.0111   -0.0030
   -0.0074   -0.0185    1.0000    0.0049   -0.0047   -0.0063
   -0.0043   -0.0031    0.0049    1.0000    0.0111   -0.0144
   -0.0023   -0.0111   -0.0047    0.0111    1.0000   -0.0072
   -0.0089   -0.0030   -0.0063   -0.0144   -0.0072    1.0000
```

6.2 排　　序

排序函数名是 sort，当输入变量为向量 X 时，函数返回一个对 X 中的元素按升序或降序排列的新向量。当输入变量为矩阵 A 时，sort 函数可以对矩阵 A 的各列或各行重新排序。

(1) sort 函数的升序排列调用方式如下：

① 调用格式 1：

```
[X_new,I]=sort(X)
```

功能：输出向量 X_new 是排序后的结果，I 记录 X_new 中的元素在 X 中的位置。

② 调用格式 2：

[Y,J]=sort(A,dim)

功能：输出矩阵 Y 是排序后的矩阵，矩阵 J 记录 Y 中的元素在 A 中的位置。dim 指明对 A 的列还是行进行排序。

若 dim = 1，则按列排；若 dim = 2，则按行排。

例 6.15　排序函数的使用实例 1。

【代码】

```
X=rand(1,5)
[X_new,I]=sort(X)
A=rand(6,4)
[Y0,J0]=sort(A)
[Y1,J1]=sort(A,1)
[Y2,J2]=sort(A,2)
```

【运行结果】

```
X =
    0.4039    0.0965    0.1320    0.9421    0.9561
X_new =
    0.0965    0.1320    0.4039    0.9421    0.9561
I =
     2     3     1     4     5
A =
    0.5752    0.0430    0.5470    0.3685
    0.0598    0.1690    0.2963    0.6256
    0.2348    0.6491    0.7447    0.7802
    0.3532    0.7317    0.1890    0.0811
    0.8212    0.6477    0.6868    0.9294
    0.0154    0.4509    0.1835    0.7757
Y0 =
    0.0154    0.0430    0.1835    0.0811
    0.0598    0.1690    0.1890    0.3685
    0.2348    0.4509    0.2963    0.6256
    0.3532    0.6477    0.5470    0.7757
    0.5752    0.6491    0.6868    0.7802
    0.8212    0.7317    0.7447    0.9294
J0 =
     6     1     6     4
     2     2     4     1
```

```
     3     6     2     2
     4     5     1     6
     1     3     5     3
     5     4     3     5
Y1 =
    0.0154    0.0430    0.1835    0.0811
    0.0598    0.1690    0.1890    0.3685
    0.2348    0.4509    0.2963    0.6256
    0.3532    0.6477    0.5470    0.7757
    0.5752    0.6491    0.6868    0.7802
    0.8212    0.7317    0.7447    0.9294
J1 =
     6     1     6     4
     2     2     4     1
     3     6     2     2
     4     5     1     6
     1     3     5     3
     5     4     3     5
Y2 =
    0.0430    0.3685    0.5470    0.5752
    0.0598    0.1690    0.2963    0.6256
    0.2348    0.6491    0.7447    0.7802
    0.0811    0.1890    0.3532    0.7317
    0.6477    0.6868    0.8212    0.9294
    0.0154    0.1835    0.4509    0.7757
J2 =
     2     4     3     1
     1     2     3     4
     1     2     3     4
     4     3     1     2
     2     3     1     4
     1     3     2     4
```

(2) sort 函数的降序排列调用方式如下：

调用格式：

[Y,I]=sort(A,'descend')。

功能：把 A 矩阵按照降序排列，Y 是排列后的结果，I 是在原来矩阵中所处的位置。

例 6.16　排序函数的使用实例 2。

【代码】

```
Am=rand(6,4)
[Ym,Jm]=sort(A,2,'descend')
```

【运行结果】

```
Am =
    0.0855    0.4886    0.5211    0.3674
    0.2625    0.5785    0.2316    0.9880
    0.8010    0.2373    0.4889    0.0377
    0.0292    0.4588    0.6241    0.8852
    0.9289    0.9631    0.6791    0.9133
    0.7303    0.5468    0.3955    0.7962
Ym =
    0.4302    0.2581    0.2259    0.2217
    0.4087    0.1848    0.1707    0.1174
    0.9049    0.5949    0.2967    0.2277
    0.9797    0.4357    0.3188    0.2622
    0.6028    0.4389    0.4242    0.3111
    0.9234    0.7112    0.5079    0.1111
Jm =
     2     3     1     4
     3     2     1     4
     2     3     4     1
     2     1     4     3
     3     2     4     1
     1     3     4     2
```

第七章　MATLAB 多项式运算及插值函数

数学中的多项式是由变量、系数以及它们之间的加减乘除运算得到的表达式。在数据插值和曲线拟合之前，通常需要进行多项式的一些运算。

7.1　MATLAB 中的多项式

MATLAB 用行向量来表示多项式，此行向量是将幂指数按降序排列的多项式各项的系数。当多项式缺少某一项时，其系数不能省略，要将这个系数输入为 0。

n 次一元多项式的一般形式为 $P_n(x)=a_0+a_1x+a_2x^2+\cdots+a_nx^n$，其 MATLAB 表示的多项式为 $P=[a_n\quad a_{n-1},\cdots,a_1,a_0]$。

例如，多项式 $p(x)=x^3-2x-5$ 用 MATLAB 表示为 $p=[1\ 0\ -2\ -5]$。

7.1.1　多项式的运算

1. 多项式的加减运算

多项式的加减运算就是其所对应的系数向量的加减运算。

运算规则：次数相同的两个多项式，可直接对多项式系数向量进行加减运算；次数不同的两个多项式，则应把次数低的多项式系数不足的高次项用 0 补足，使两个多项式具有相同的次数，然后再相加减。

2. 多项式的乘法及卷积运算

(1) 调用格式 1：

```
conv(P1,P2)
```

功能：用于求多项式 P1 和 P2 的乘积。这里，P1、P2 是两个多项式的系数向量。

(2) 调用格式 2：

```
w = conv(P1,P2，shape)
```

功能：返回 shape 指定的卷积的分段。例如，conv(P1，P2，'same')仅返回与 P1 等大小的卷积的中心部分，而 conv(P1，P2，'valid')仅返回计算的没有补零边缘的卷积部分，使用此选项时，length(w)是 max(length(P1) − length(P2) + 1，0)，但 length(P2)为零时除外。如果 length(P2) = 0，则 length(w) = length(P1)。

例 7.1　求多项式 x^7+8x^3-10 与多项式 $2x^2-x+3$ 的乘积。

【代码】

```
P1=[1 0 0 0 8 0 0 -10];
P2=[2 -1 3];
Q=conv(P1,P2)    %多项式相乘
```

【运行结果】

```
Q =
     2    -1     3     0    16    -8    24   -20    10   -30
```

3. 去卷积和多项式除法

调用格式：

[Q,r]=deconv(P1,P2)

功能：对多项式 P1 和 P2 做除法运算。其中，Q 为多项式 P1 除以 P2 的商式，r 为 P1 除以 P2 的余式。Q 和 r 仍是多项式的系数向量。deconv 是 conv 的逆函数，即 P1 = conv(P2, Q) + r。

例 7.2　求多项式 x^7+8x^3-10 除以多项式 $2x^2-x+3$ 的结果。

【代码】

```
P1=[1 0 0 0 8 0 0 -10];
P2=[2 -1 3];
[Q,r]=deconv(P1,P2)    %多项式相除
```

【运行结果】

```
Q =
    0.5000    0.2500   -0.6250   -0.6875    4.5938    3.3281
r =
         0         0         0         0         0         0  -10.4531  -19.9844
```

7.1.2　多项式的导数

多项式求导函数 polyder 的调用格式如下：

(1) 调用格式 1：

p=polyder(A)

功能：求多项式 A 的导函数。

(2) 调用格式 2：

p=polyder(A,B)

功能：求多项式 A 与 B 乘积的导函数。

(3) 调用格式 3：

[p,q]=polyder(A,B)

功能：求多项式 A/B 的导函数，导函数的分子存入 p，分母存入 q。

上述函数中，参数 A、B 是多项式的向量表示，输出结果 p、q 也是多项式的向量表示。

从上面三种调用格式可以看出，同一个函数，既可实现 A 与 B 相乘的导数，又可实现 A 与 B 相除的导数，两种调用格式功能完全不同，这就是函数的重载功能。MATLAB 如何实现函数的重载运算？这需要根据调用函数时输入输出变量的个数来确定。

例 7.3　求有理分式 $\frac{1}{x^2+5}$ 的导数。

【代码】

```
P=[1];
Q=[1,0,5];
[p,q]=polyder(P,Q)
```

【运行结果】

```
p =
    -2      0
q =
     1      0     10      0     25
```

7.1.3　多项式求值

函数 polyval 和 polyvalm 都是多项式的求值函数，两者的区别在于前者是代数多项式求值，而后者是矩阵多项式求值。

1. polyval 函数

调用格式：

　　Y=polyval(P,x)

功能：按照代数多项式求值，若 x 为一数值，则求多项式在该点的值；若 x 为向量或矩阵，则对向量或矩阵中的每个元素求其多项式的值。

例 7.4　已知多项式 x^4+8x^3-10，分别取 $x=1.2$ 和一个 2×3 矩阵为自变量计算该多项式的值。

【代码】

```
P=[1 8 0 0 -10];
x1=1.2;
x2=[1 2 1.2;0 -1 3];
Y1=polyval(P,x1)
Y2=polyval(P,x2)
```

【运行结果】

```
Y1 =
    5.8976
Y2 =
   -1.0000   70.0000    5.8976
  -10.0000  -17.0000  287.0000
```

2. polyvalm 函数

调用格式：

Y=polyvalm(P,A)

功能：按照矩阵多项式求值，polyvalm 函数要求输入变量 x 为方阵，它以方阵为自变量求多项式的值。

设 A 为方阵，P 代表多项式 x^3-5x^2+8，那么 polyval(P, A)的含义是 A.*A.*A−5*A.*A + 8*ones(size(A))，而 polyvalm(P, A)的含义是 A*A*A−5*A*A + 8*eye(size(A))。

例 7.5　多项式为 x^7+8x^3-10，取一个 2×2 矩阵为自变量，分别用 polyval 和 polyvalm 计算该多项式的值。

【代码】

```
P=[1 0 0 0 8 0 0 -10];
x=[0 1;-1 2];
Y1=polyval(P,x)
Y2=polyvalm(P,x)
```

【运行结果】

```
Y1 =
   -10     -1
   -19    182
Y2 =
   -32     31
   -31     30
```

7.1.4　多项式求根

n 次多项式具有 n 个根，这些根可能是实根，也可能含有若干对共轭复根。

MATLAB 提供的函数 roots 用于求多项式的全部根。

1. roots 函数

调用格式：

x=roots(P)

功能：输入变量 P 为多项式的系数向量，把根赋给输出变量 x，即 x(1)，x(2)，…，x(n)分别代表多项式的 n 个根。

注意：根被储存为列向量。

例 7.6　求多项式 x^4+8x^3-10 的根。

【代码】

```
A=[1,8,0,0,-10];
x=roots(A)
```

【运行结果】

```
x =
```

```
-8.0194 + 0.0000i
 1.0344 + 0.0000i
-0.5075 + 0.9736i
-0.5075 - 0.9736i
```

2. poly 函数

若已知多项式的全部根，则可以用 poly 函数建立该多项式。

调用格式：

P=poly(x)

功能：若 x 为具有 n 个元素的向量，则 poly(x)建立以 x 为其根的多项式，且将该多项式的系数赋给向量 P。

例 7.7　已知 f(x)

① 计算 f(x) = 0 的全部根。

② 由方程 f(x) = 0 的根构造一个多项式 g(x)，并与 f(x)进行对比。

【代码】

```
P=[3,0,7,-5,-7.2,5];
X=roots(P)      %求方程 f(x)=0 的根
G=poly(X)       %求多项式 g(x)
```

【运行结果】

```
X =
  -0.2589 + 1.8217i
  -0.2589 - 1.8217i
  -0.9188 + 0.0000i
   0.7183 + 0.1409i
   0.7183 - 0.1409i
G =
   1.0000   -0.0000    2.3333   -1.6667   -2.4000    1.6667
```

7.1.5　多项式拟合

多项式的拟合函数为 polyfit。

调用格式：

p=polyfit(x,y,n)

功能：用最小二乘法对已知数据 x、y 进行拟合，求得 n 阶多项式的系数向量。

例 7.8　利用多项式拟合函数求多项式的值，并画图。

【代码】

```
x=linspace(0,2*pi,100);
y=sin(x);
t=polyfit(x,y,6);
```

```
y1=polyval(t,x);
plot(x,y,'ro',x,y1,'b-')
```

运行结果如图 7.1 所示。

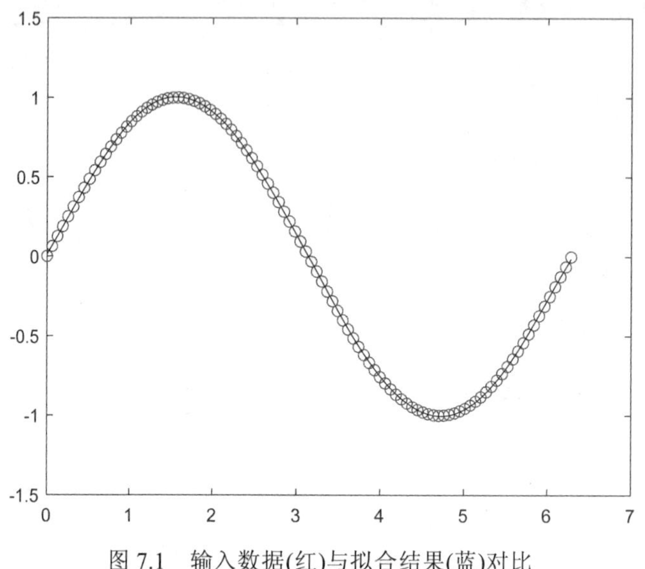

图 7.1　输入数据(红)与拟合结果(蓝)对比

7.2　数 据 插 值

插值是通过给定基准数据，估算出基准数据之间其他点的数值。本节主要介绍 MATLAB 的一维插值和二维插值。

7.2.1　一维数据插值

在 MATLAB 中，实现一维插值的函数是 interp1。

调用格式：

```
Y1=interp1(X,Y,X1,'method')
```

功能：函数根据 X、Y 的值，计算函数在 X1 处的值。X、Y 是两个等长的已知向量，分别描述采样点和样本值，X1 是一个向量或标量，描述欲插值的点，Y1 是一个与 X1 等长的插值结果。

method 是插值方法，允许的取值有：

① 'linear'：(缺省)线性插值。

② 'nearest'：最近邻点插值。

③ 'next'：下一个邻点插值。

④ 'previous'：前一个邻点插值。

⑤ 'spline'：分段三次样条插值。

⑥ 'pchip'：立方插值。

⑦ 'cubic'：和 'pchip' 一样。

⑧ 'v5cubic'：如果 X 的间距不相等，则不外推并使用“样条曲线”。

例 7.9 某观测站观测得某日 7:00—21:00 每隔 2 小时的室内外温度(℃)，测得室内温度为[18，20，22，25，30，28，27，28]，室外温度为[17，18，19，27，27，23，23，25]。用不同插值分别求得该日室内外 7:30—21:00 每隔半小时各点的近似温度(℃)。设时间变量 h 为一行向量，温度变量 t 为一个两列矩阵，其中第一列存放室内温度，第二列储存室外温度。

【代码】

```
h =7:2:21;
t=[18,20,22,25,30,28,27,28; 17,18,19,27,27,23,23,25]';
XI =7.5:0.5:21
YI1=interp1(h,t,XI, 'nearest')
YI2=interp1(h,t,XI, 'spline')
YI3=interp1(h,t,XI, 'linear')
YI4=interp1(h,t,XI, 'previous')
subplot(2,2,1)
hold on
plot(h,t(:,1),'b*')
plot(h,t(:,2),'ro')
plot(XI,YI1(:,1),'b')
plot(XI,YI1(:,2),'r')
legend('室内','室外','室内插值','室外插值', 'Location', …
'southeast', 'FontSize',8)
title(['\fontsize{12}nearest '])
subplot(2,2,2)
hold on
plot(h,t(:,1),'b*')
plot(h,t(:,2),'ro')
plot(XI,YI2(:,1),'b')
plot(XI,YI2(:,2),'r    ')
legend('室内','室外','室内插值','室外插值', 'Location',…
'southeast', 'FontSize',8')
title(['\fontsize{12}spline '])
subplot(2,2,3)
hold on
plot(h,t(:,1),'b*')
plot(h,t(:,2),'ro')
plot(XI,YI3(:,1),'b')
plot(XI,YI3(:,2),'r    ')
```

```
legend('室内','室外','室内插值','室外插值', 'Location', …
'southeast', 'FontSize',8)
% legend('boxoff')
title('\fontsize{12}linear')
subplot(2,2,4)
hold on
plot(h,t(:,1),'b*')
plot(h,t(:,2),'ro')
plot(XI,YI4(:,1),'b')
plot(XI,YI4(:,2),'r  ')
legend('室内','室外','室内插值','室外插值', 'Location',…
 'southeast', 'FontSize',8)
title('\fontsize{12}previous')
```

运行结果如图 7.2 所示。

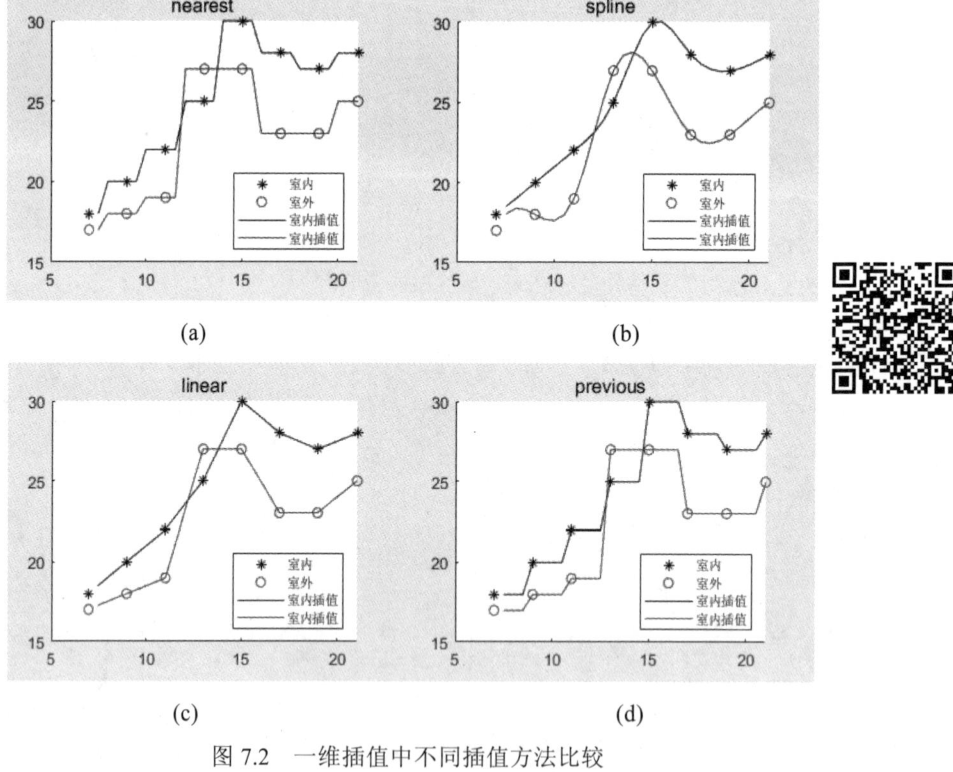

(a)　(b)

(c)　(d)

图 7.2　一维插值中不同插值方法比较

7.2.2　二维数据插值

二维数据插值主要应用于图像处理和数据可视化。

在 MATLAB 中，提供了解决二维插值问题的函数 interp2。

调用格式：

Z1=interp2(X,Y,Z,X1,Y1,'method')

功能：函数根据 X、Y、Z 的值，计算函数在 X1、Y1 处的值。其中 X、Y 是两个向量，分别描述两个参数的采样点，Z 是与参数采样点对应的函数值，X1、Y1 是两个向量或标量，描述欲插值的点。Z1 是根据相应的插值方法得到的插值结果。

① 'nearest'：寻找最近数据点，由其得出函数值。

② 'linear'：二维线性插值。

③ 'cubic'：二维三次插值。

例 7.10　某实验对一根长 10 m 的钢轨进行热源的温度传播测试。用 x 表示测量点 0:2.5:10(m)，用 h 表示测量时间 0:30:60(s)，用 T 表示测试所得各点的温度(℃)。试用线性插值求出在一分钟内每隔 5 s、钢轨每隔 0.5 m 处的温度 TI。

【代码】

```
x=0:2.5:10;
h=[0:30:60]';
T=[95,17,0,0,0;88,78,32,12,7;77,77,57,78,71];
xi=[0:0.5:10];
hi=[0:5:60]';
TI1=interp2(x,h,T,xi,hi,'linear')
TI2=interp2(x,h,T,xi,hi,'nearest')
subplot(2,1,1)
surf(xi,hi,TI1)
title(['\fontsize{12}linear '])
subplot(2,1,2)
surf(xi,hi,TI2)
title(['\fontsize{12}nearest '])
```

运行结果如图 7.3 所示。

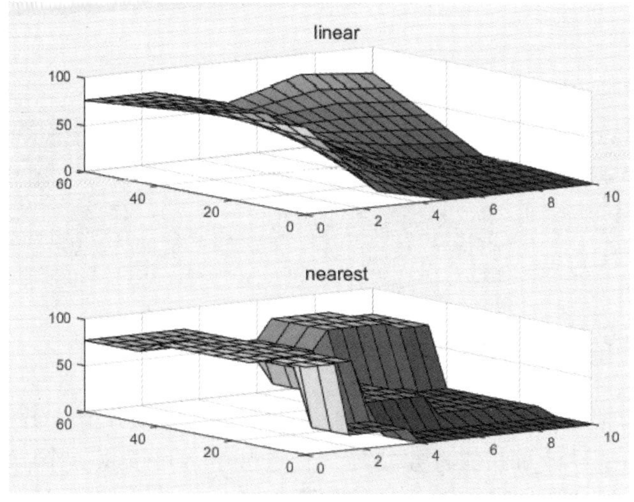

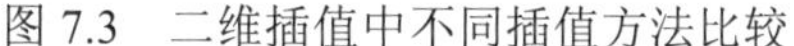
图 7.3　二维插值中不同插值方法比较

第八章　MATLAB 解方程

本章主要讲解 MATLAB 的线性方程组和非线性方程组的求解。

8.1　线性方程组求解

线性方程组的求解方法主要包括直接法求解、矩阵分解法求解以及迭代法求解。

8.1.1　直接解法

对于线性方程组 Ax = b，可以利用左除运算符直接求解：x = A\b。

例 8.1　求解下面的线性方程组。

$$\begin{cases} 12x_1 - 3x_2 + 3x_3 = 15 \\ -18x_1 + 3x_2 - x_3 = -15 \\ x_1 + x_2 + x_3 = 6 \end{cases}$$

【代码】

```
A=[12 -3 3;-18 3 -1;1 1 1 ];
b=[15;-15;6];
x=A\b
```

【运行结果】

```
x =
    1.0000
    2.0000
    3.0000
```

8.1.2　利用矩阵的分解求解线性方程组

矩阵分解是指根据一定的原理用某种算法将一个矩阵分解成若干个特殊类型矩阵的乘积。矩阵分解是设计算法的重要技巧，经过分解，可以将一个一般难度的矩阵计算问题转化为几个易求解的特殊矩阵的计算问题。通过矩阵分解方法求解线性方程组的优点是运算速度快，并且节省存储空间。

常见的矩阵分解有 LU 分解、QR 分解、Cholesky 分解、奇异值分解等。

1. LU 分解

矩阵的 LU 分解是将一个矩阵表示为一个交换下三角矩阵和一个上三角矩阵的乘积形式。线性代数已经证明，只要方阵 A 是非奇异的，LU 分解总是可以进行的。LU 分解有两种格式。

(1) 调用格式 1：

```
[L,U]=luA
```

功能：产生一个上三角矩阵 U 和一个变换形式的下三角矩阵 L(行交换)，使之满足 X = LU。注意，这里的矩阵 A 必须是方阵。

(2) 调用格式 2：

```
[L,U,P]=lu(A)
```

功能：产生一个上三角矩阵 U 和一个下三角矩阵 L 以及一个置换矩阵 P，使之满足 PA = U。输入矩阵 A 同样必须是方阵。

实现 LU 分解后，线性方程组 Ax = b 的解 x = U\(L\b)或 x = U\(L\Pb)，这样可以大大提高运算速度。

在第二种格式中，提出了一个置换矩阵，所谓置换矩阵，是系数只由 0 和 1 组成的方块矩阵。置换矩阵的每一行和每一列都恰好有一个 1，其余的系数都是 0。在线性代数中，每个 n 阶的置换矩阵都代表对 n 个元素的置换。当一个矩阵乘上一个置换矩阵时，所得到的是原来矩阵的横行(置换矩阵在左)或纵列(置换矩阵在右)经过置换后得到的矩阵。下面举例说明：

对应于置换 $\pi=(1\ 4\ 2\ 5\ 3)$ 的置换矩阵 $\boldsymbol{P}_\pi$ 是：

$$\boldsymbol{P}_\pi=\begin{bmatrix} e_\pi(1)\\ e_\pi(2)\\ e_\pi(3)\\ e_\pi(4)\\ e_\pi(5)\end{bmatrix}=\begin{bmatrix} e_1\\ e_4\\ e_2\\ e_5\\ e_3\end{bmatrix}=\begin{bmatrix} 1&0&0&0&0\\ 0&0&0&1&0\\ 0&1&0&0&0\\ 0&0&0&0&1\\ 0&0&1&0&0\end{bmatrix}$$

给定向量 $\boldsymbol{g}$，利用置换矩阵和向量 $\boldsymbol{g}$ 相乘就可得到其置换后的矩阵，如下式所示：

$$\boldsymbol{P}_\pi\boldsymbol{g}=\begin{bmatrix} e_\pi(1)\\ e_\pi(2)\\ e_\pi(3)\\ e_\pi(4)\\ e_\pi(5)\end{bmatrix}\begin{bmatrix} g_1\\ g_2\\ g_3\\ g_4\\ g_5\end{bmatrix}=\begin{bmatrix} g_1\\ g_4\\ g_2\\ g_5\\ g_3\end{bmatrix}$$

例 8.2　利用 LU 分解方法求解方程组。

【代码】

```
A=[12 -3 3; -18 3 -1; 1 1 1];
b=[15;-15;6];
[L,U]=lu(A);                %第一种格式
x1=U\(L\b)
[L1,U1 ,P]=lu(A);           %第二种格式
x2=U1\(L1\P*b)
```

【运行结果】

```
x1 =
    1.0000
    2.0000
    3.0000
x2 =
    1.0000
    2.0000
    3.0000
```

2. QR 分解

对矩阵 A 进行 QR 分解，就是把 X 分解为一个正交矩阵 Q 和一个上三角矩阵 R 的乘积形式。QR 分解只能对方阵进行。这个函数分解也有两种调用格式。

(1) 调用格式 1：

　　[Q,R]=qr(A)

功能：产生一个正交矩阵 Q 和一个上三角矩阵 R，使之满足 A = QR。

(2) 调用格式：

　　[Q,R,E]=qr(A)

功能：产生一个正交矩阵 Q、一个上三角矩阵 R 以及一个置换矩阵 E，使之满足 AE = QR。实现 QR 分解后，线性方程组 Ax = b 的解 x = R\(Q\b)或 x = E(R\(Q\b))。

例 8.3　利用 QR 分解方法求解方程组。

【代码】

```
A=[2,1,-5,1;1,-5,0,7;0,2,1,-1;1,6,-1,-4];
b=[13,-9,6,0]';
[Q1,R1]=qr(A);          %第一种格式
x1=R1\(Q1\b)
[Q2,R2,E]=qr(A);        %第二种格式
x2=E*(R2\(Q2\b))
```

【运行结果】

```
x1 =
    -66.5556
    25.6667
    -18.7778
x2 =
    -66.5556
    25.6667
    -18.7778
```

3. Cholesky 分解

如果矩阵 X 是对称正定的，则 Cholesky 分解将矩阵 A 分解成一个下三角矩阵和上三角矩阵的乘积。设上三角矩阵为 R，则下三角矩阵为其转置，即 A = R'R。

函数 chol 用于对矩阵 X 进行 Cholesky 分解。

调用格式：

R=chol(A)

功能：产生一个上三角矩阵 R，使 R'R = A。若 A 为非对称正定，则输出一个出错信息。

实现 Cholesky 分解后，线性方程组 Ax = b 变成 R'Rx = b，所以 x = R\(R'\b)。

例 8.4 利用 Cholesky 分解求解方程组。

【代码】

```
P=pascal(4);
R=chol(P);
b=[13,-9,6,0]';
x=R\(R'\b)
```

【运行结果】

```
x =
    130
    -270
    211
    -58
```

8.1.3 迭代解法

1. Jacobi 迭代法

对于线性方程组 Ax = b，如果 A 为非奇异方阵，即 aii ≠ 0(i = 1，2，…，n)，则可将 A 分解为 A = D − L − U，其中 D 为对角矩阵，其元素为 A 的对角元素，L 与 U 为 A

的下三角矩阵和上三角矩阵，于是 Ax = b 化为

$$(D-L-U)x=b$$
$$Dx=b+Lx+Ux$$
$$x=D^{-1}(b+Lx+Ux)$$
$$x=D^{-1}(L+U)x+D^{-1}b$$

与之对应的迭代公式为

$$x(k+1)=D^{-1}(L+U)x(k)+D^{-1}b$$

这就是 Jacobi 迭代公式。如果序列{x(k + 1)}收敛于 x，则 x 必是方程 Ax = b 的解。Jacobi 迭代法的 MATLAB 函数文件 Jacobi.m 如下：

```
function [y,n]=jacobi(A,b,x0,eps)
if nargin==3
eps=1.0e-6;
elseif nargin<3
error
return
end
D=diag(diag(A));            %求 A 的对角矩阵
L=-tril(A,-1);              %求 A 的下三角矩阵
U=-triu(A,1);               %求 A 的上三角矩阵
B=D\(L+U);
f=D\b;
y=B*x0+f;
n=1;                        %迭代次数
while abs(y-x0)>=eps
x0=y;
y=B*x0+f;
n=n+1;
end
```

例 8.5 用 Jacobi 迭代法求解下列线性方程组。设迭代初值为 0，迭代精度为 10^{-6}。在命令中调用函数文件 Jacobi.m。

【代码】

```
A=[10,-1,0;-1,10,-2;0,-2,10];
b=[9,7,6]';
[x,n]=jacobi(A,b,[0,0,0]',1.0e-6)
```

2. Gauss-Serdel 迭代法

在 Jacobi 迭代过程中的迭代公式 $Dx(k+1)=(L+U)x(k)+b$ 可以改进为 $Dx(k+1)=Lx(k+1)+Ux(k)+b$，于是有 $x(k+1)=(D-L)^{-1}Ux(k)+(D-L)^{-1}b$，该式即为 Gauss-Serdel 迭代公式，和 Jacobi 迭代相比，Gauss-Serdel 迭代用新分量代替旧分量，精度会更高些。

Gauss-Serdel 迭代法的 MATLAB 函数文件 gauseidel.m 如下：

```
function [y,n]=gauseidel(A,b,x0,eps)
if nargin==3
eps=1.0e-6;
elseif nargin<3
error
return
end
D=diag(diag(A));          %求 A 的对角矩阵
L=-tril(A,-1);            %求 A 的下三角矩阵
U=-triu(A,1);             %求 A 的上三角矩阵
G=(D-L)\U;
f=(D-L)\b;
y=G*x0+f;
n=1;                      % n 为迭代次数
while abs(y-x0)>=eps
x0=y;
y=G*x0+f;
n=n+1;
end
```

例 8.6　用 Gauss-Serdel 迭代法求下列线性方程组。迭代初值为 0，迭代精度为 10^{-6}。在命令中调用函数文件 gauseidel.m。

【代码】

```
A=[10,-1,0;-1,10,-2;0,-2,10];
b=[9,7,6]';
[x,n]=gauseidel(A,b,[0,0,0]',1.0e-6)
```

8.2　非线性方程组的求解

对于非线性方程组 F(x) = 0，用 fsolve 函数求其数值解。

调用格式：

X=fslove(@fun, X_0)

功能：X 为返回的解，fun 是定义需要求解的非线性方程组的函数文件名，X_0 是求根过程的初值。

例 8.7　求解线性方程组在(0.5，0.5)附近的数值解。

建立函数文件 myfun.m。

```
function q=myfun(p)
x=p(1);
y=p(2);
q(1)=x-0.6*sin(x)-0.3*cos(y);
q(2)=y-0.6*cos(x)+0.3*sin(y);
```

在给定的初值条件下，调用 fsolve 函数求方程的根。

```
>> x=fsolve(@myfun,[0.5,0.5]')
```

【运行结果】

```
x =
    0.6354
    0.3734
```

将解带回原方程，可以检验结果是否正确，命令如下：

```
>> q=myfun(x)
q =
    1.0e-09 *
    0.2375      0.2957
```

由此可见得到的结果精度较高。

8.3 函数极值

MATLAB 提供了基于单纯形算法求解函数极值的函数 fmin。

调用格式：

X=fminsearch(@(x)fname,x1,x2)

功能：fminsearch 函数用于求单变量函数的最小值点。fname 是被最小化的目标函数名，x1 和 x2 限定自变量的取值范围。

MATLAB 没有专门提供函数最大值的函数，但是-f(x)在区间(a，b)上的最小值就是f(x)在(a，b)上的最大值。

例 8.8　求 $f(x)=x^3-2x-5$ 在 5 附近的最小值点。

建立函数文件 mymin.m。

```
function fx=mymin(x)
fx=x.^3-2*x-5;
```

调用 fmin 函数求最小值点。

```
>> y=fminsearch(@mymin,5)
```

【运行结果】

```
x=
    0.8165
```

第九章　MATLAB 文件操作

MATLAB 文件数据格式有两种形式：二进制文件和文本文件。在打开文件时需要指定文件格式类型，即指定是二进制文件还是文本文件。

文件操作包含三个步骤：① 打开文件；② 对文件进行读/写操作；③ 关闭文件。

9.1　文件的打开与关闭

在 MATLAB 打开文件的操作中，通过打开命令，可以为文件分配句柄 fid，其他函数可以用分配的句柄对该文件进行操作，如果句柄值大于 0，则文件打开成功，若打开失败，fid 的返回值为 -1。文件操作结束，需要关闭文件。其中 fid 为所要关闭文件的句柄，status 为关闭文件的返回代码，若关闭成功则为 0，否则为 -1。

1. 文件的打开函数

文件打开函数的调用格式如下：

fid=fopen(文件名，打开方式)

说明：① fid 用于存储文件句柄值，句柄值用来标识该数据文件，其他函数也可以利用它对该数据文件进行操作。② 文件名必须用字符串的形式表示。③ 常见的打开方式有：'r' 表示对打开的文件读数据；'w' 表示对打开的文件写数据；'a' 表示在打开的文件末尾添加数据。④ 在打开文件时，要注意文件格式，如 rb、wb、ab 表示二进制文本，rt、wt、at 表示文本文件。

2. 文件的关闭函数

文件在读、写等操作后，应及时关闭。

文件关闭函数的调用格式如下：

status=fclose(fid)

功能：关闭文件，status 表示关闭文件操作的返回代码，若关闭成功，返回 0，否则返回 -1。

9.2　文本文件的读/写操作

文本文件即 ASCII 文件，是微软在操作系统上附带的一种文本格式，也是最常见的一种文件格式，直接在桌面或文件夹点击右键就可建立。ASCII 文件可以用任何文字处理程序打开。

1. 写文本文件

fprintf 函数的功能是将数据写入文件。

写文本文件的调用格式如下：

COUNT=fprintf(fid,format,A)

功能：将 A 写入 fid 对应的文件。先按 format 指定的格式将数据矩阵 A 格式化，然后写入到 fid 所指定的文件。格式符与 fscanf 函数相同。

例 9.1　将矩阵 y 写入文件。

【代码】

```
x=0:0.1:1;
y=[x,exp(x)];
fn=fopen('exp.dat','w')
fprintf(fn,'%6.2f    %12.8f\n',y)
fclose(fn)
```

2. 读文本文件

fscanf 函数可以用来读取文件中的内容。

读文本文件的调用格式如下：

[A,COUNT]=fscanf(fid,format,size)

功能：读取文件数据放入 A 矩阵，COUNT 返回所读取的实际个数。fid 为文件句柄，format 用以控制读取的数据格式，由%加上格式符组成，常见的格式符有 d、f。

注：其中的 size 是可选项，决定矩阵 A 中数据的排列形式。若不选用则读取整个文件内容，若选用则它的值可以是以下值：

① N 表示读取 N 个元素到一个列向量。

② Inf 表示读取整个文件。

③ [M，N]表示读取数据到 M × N 的矩阵中，数据按列存放。

例 9.2　读取 exp.dat 文件中的数据。

【代码】

```
fn=fopen('exp.dat','r')
[aa,cn]=fscanf(fn,'%f %f',[2,11])
fclose(fn)
```

9.3　二进制文件的读/写操作

二进制文件是基于数值编码的文件，用户一般不能直接读出数据，只有通过相应的软件才能将其显示出来。二进制文件一般是可执行程序、图形、图像、声音或按照指定格式保存的数据等。

9.3.1　写二进制文件

写二进制文件的调用格式如下：

COUNT=fwrite(fid, A, precision)

功能：fwrite 函数按照指定的数据类型将矩阵中的元素写入文件。其中 COUNT 返回所写的数据元素个数，fid 为文件句柄，A 用来存放写入文件的数据，precision 用于控制所写数据的数值类型，数值类型对应的精度如表 9.1 所示。

表 9.1　数值类型及其对应精度

数值类型	精度	位(字节)
有符号整数	'int8'	8 (1)
	'int16'	16 (2)
	'int32'	32 (4)
	'int64'	64 (8)
	'integer*1'	8 (1)
	'integer*2'	16 (2)
	'integer*4'	32 (4)
	'integer*8'	64 (8)
浮点数	'single'	32 (4)
	'double'	64 (8)
	'float'	32 (4)
	'float32'	32 (4)
	'float64'	64 (8)
	'real*4'	32 (4)
	'real*8'	64 (8)

例 9.3　建立一个数据文件 magic5.dat，用于存放 5 阶魔方阵。

【代码】

```
fid=fopen('magic5.dat','w')
cnt=fwrite(fid,magic(5),'int32')
fclose(fid)
```

9.3.2　读二进制文件

读二进制文件的调用格式如下：

[A,COUNT]=fread(fid,size, precision)

功能：fread 函数可以读取二进制文件的数据，并将数据存入矩阵。其中 A 用于存放读取的数据，COUNT 返回所读取的数据元素个数。fid 为文件句柄，precision 代表读写数据的类型，size 为可选项，若不选用则读取整个文件内容，若选用则它的值可以是下列值：

① N 表示读取 N 个元素到一个列向量。

② Inf 表示读取整个文件。

③ [M，N]表示读取数据到 M × N 的矩阵中，数据按列存放。

例 9.4 读取文件 magic5.dat，把数据保存到变量 aaa 中。

```
fn=fopen('magic5.dat','rb')
aaa=fread(fn,[5,5],'int')
fclose(fn)
```

9.4 自由文本格式文件的读取

自由文本格式文件的读取步骤为：首先打开文件 fn=fopen('aaa.m')，然后再利用 fgetl 函数读取文件中的字符串。

fgetl 函数的调用格式如下：

fgetl(fn)

功能：从代号 fn 的文件中读取一行字符串，字符串中不包括后面的回车符，当读到文件末尾时返回-1。

例 9.5 调用以下文件(文件名：data1.m)中的字符串。

```
fdjkjkfdsjk
2.3 5.6
3.4
```

【代码】

```
%read File:
>>fn1=fopen('data1.m');
>>asr=fgetl(fn1)
>>aa=fscanf(fn1,'%f',inf)
>>fclose(fn1)
```

【运行结果】

```
asr =
      'fdjkjkfdsjk'
aa =
      2.3000
      5.6000
      3.4000
```

```
ans =
      0
```

9.5　数据文件定位

MATLAB 提供了与文件定位操作有关的函数 fseek 和 ftell。

1. fseek 函数

fseek 函数的调用格式如下：

　　status=fseek(fid, offset, origin)

功能：fseek 函数用于定位文件的位置指针，其中 fid 为文件句柄，offset 表示位置指针相对移动的字节数(offset>0，向后，反之向前)，origin 表示位置指针移动的参照位置(-1：文件开始；0：当前位置；1：文件结尾)。若定位成功，status 返回值为 0，否则返回值为 -1。

2. ftell 函数

ftell 函数的调用格式如下：

　　position=ftell (fid)

功能：ftell 函数返回文件指针的当前位置，其返回值为文件开始到指针当前位置的字节数，返回值为 -1 表示获取文件当前位置失败。

例 9.6　文件定位函数使用实例。

【代码】

```
fn2=fopen('data1.m')
asr=fgetl(fn2)              %读取第一行字符
pos=ftell(fn2)
status=fseek(fn2,4,0)       %向后移动四个字符
aa=fscanf(fn2,'%f',inf)     %从当前位置开始读到文件尾%
fclose(fn2)
```

【运行结果】

```
asr =
     'fdjkjkfdsjk'
pos =
     13
status =
      0
aa =
     5.6000
     3.4000
```

```
ans =
      0
```

9.6　图形文件的读/写与显示

MATLAB 利用函数 imread(读图像)、imwrite(写图像)、imfinfo(显示图像文件信息)及 image(显示图像内在函数)实现图像文件的读/写与显示。

图像格式：bmp、jpeg、jpg、tif、tiff、png 等。

例 9.7　图形文件的读/写与显示实例。以 MATLAB 的 logo 为例，图形保存为 png 格式，利用 imread 读取出图形文件，再利用 imwrite 保存为图形文件，并利用 image 显示。

【代码】

```
clear
logo
frame=getframe(gcf);                    %获取 figure 界面
im_logo=frame2im(frame);                %转为图像
imwrite(im_logo,'matlablogo.png','png')
A=imread('matlablogo','png')
whos A
imwrite(A,'matlablogo1.jpg','jpg')
t1=imread('matlablogo1','jpg')
image(t1),set(gca,'visible','off')
```

运行结果如图 9.1 所示。

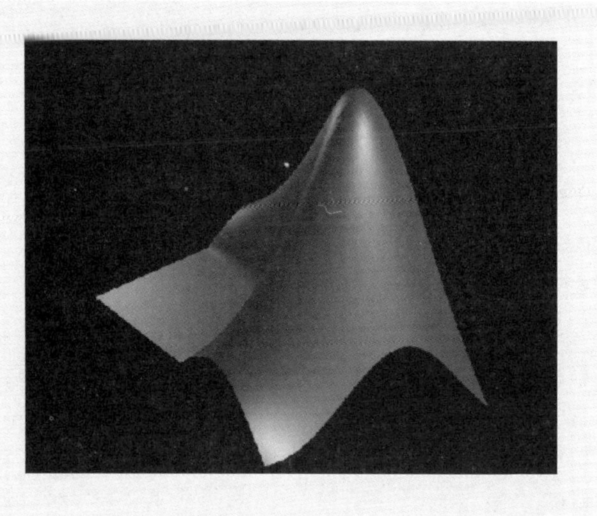

图 9.1　利用图形文件读取显示的 MATLABlogo

9.7　表格文件的读取

MATLAB 的表格文件读取方式有下列几种：

(1) 用 xlsread 函数读取表格文件，其调用格式为：s=xlsread('books2.xls')。

例 9.8　Excel 表格文件的读取。表格数据(Excel 文件名为 book2.xlsx)如图 9.2 所示。

	A	B
1	1.2	1.2
2	2	11
3	6.2	6.2
4	1	1
5	1.2	1.2
6	2	11
7	6.2	6.2
8	1	1

图 9.2　Excel 表格数据

【代码】

```
>> s=xlsread('book2.xlsx')
```

【运行结果】

```
s =
      1.2000     1.2000
      2.0000    11.0000
      6.2000     6.2000
      1.0000     1.0000
      1.2000     1.2000
      2.0000    11.0000
      6.2000     6.2000
      1.0000     1.0000
```

(2) 用 load 命令读取文件。

将下列数据保存到文件 datatest.txt 中。

2.4　5.6　1.3

4.5　9.1　5

23　44　55

在命令提示符下运行

```
>>load 'testdata.txt'
```

运行结束后，工作空间会显示变量 testdata。

注意：用 load 命令打开 ASCII 文件时，要求每行中的列数必须与前面行中的列数相同。

(3) 用 importdata 读取文件。

将下列数据保存到文件 dat.txt 中。

```
 1      8      9
12.3   8.9    2.1
 4.3   2.0    1.7
 9.5   0.1   11
```

在命令提示符下运行

```
>> dat=importdata('dat.txt')
   dat=
        1.0000    8.0000     9.0000
       12.3000    8.9000     2.1000
        4.3000    2.0000     1.7000
        9.5000    0.1000    11.0000
```

第十章　MATLAB 应用实例

本章以地球物理中地震剖面的显示为例，利用 MATLAB 的内部函数、程序控制语句、图形绘制语句、二进制数据的输入方式、函数调用等相关知识，编写主程序和子程序，完整地展示了 MATALB 语言在解决具体专业问题中的应用。

10.1　MATLAB 绘制地震剖面

地震数据最常见的格式是 SEG-Y 格式，在计算机中以二进制形式文件保存。SEG-Y 格式的地震数据，第一部分是文件头(3200 B)，用来保存一些对地震数据体进行描述的信息；第二部分是二进制文件头(400 B)，用来存储描述 SEG-Y 文件的一些关键信息，包括 SEG-Y 文件的数据格式、采样点数、采样间隔、测量单位等一些信息；第三部分是实际的地震道，每道包含 240 B 的道头信息和地震道数据。道头数据中一般保存该地震道对应的信号、道号、采样点数、大地坐标等信息。地震道数据是对地震信号的波形按一定的时间间隔进行取样，再把这一系列的离散振幅值以某种方式记录下来。地震数据格式可以是 IBM 浮点型、IEEE 浮点型等。

10.1.1　SEG-Y 格式的地震数据道头说明

对地震数据进行各种处理或显示时，首先要学会读取地震数据。了解数据道头中包含的信息，对数据处理及地震剖面的图形显示至关重要。

以 SEG-Y 格式为例，SEG-Y 数据的每一道道头信息占 240 B，有些信息的存储占用 4 B，有些信息存储占 2 B，道头中不同信息的存放位置是固定的。例如，接收点的基准面高程存放于 53～56 B，炮点的水深存放于 61～64 B，地震道的采样点数存放于 115～116 B，地震道的采样间隔存放于 117～118 B。其他位置存放的数据信息就不一一说明了。

如果要显示地震剖面，只要读出采样点数和采样间隔即可。如果要进行静校正处理，需要读取速度高程等，找到其存放的位置，就可获取相应的信息。

10.1.2　结构型数组读取地震数据道头举例

当需要定义的参数变量较多时，往往需要用到结构体。下面用结构体展示地震道头中存放的信息。

```
function header=header(FID,ns,k)
%header-返回第 k 道数据的道头
%    header = header(FID,ns,k);
%    输入  FID:      文件句柄
%           ns:       采样点数
%           k:        读入的道数
%    输出    header:包含第 k 道道头数据的结构体
%    Copyright (C) 1999 Seismic Processing and Imaging Group
%                        Department of Physics
%                        The University of Alberta
    offset = (240+ns*4)*(k-1);
    status=fseek(FID,offset,'bof');
    header.tracl=fread(FID,1,'int');          %一条测线中的道顺序号
    header.tracr=fread(FID,1,'int');          %在本卷中的道顺序号
    header.fldr=fread(FID,1,'int');           %原始的野外记录号
    header.tracf=fread(FID,1,'int');          %在原始野外记录中的道号
    header.ep=fread(FID,1,'int');             %震源点号
    header.cdp=fread(FID,1,'int');            %CMP 号
    header.cdpt=fread(FID,1,'int');           %在 CMP 集中的道号
    header.trid=fread(FID,1,'short');         %道识别码
    header.nva=fread(FID,1,'short');          %产生这一道的垂直叠加道数
    header.nhs=fread(FID,1,'short');          %产生这一道的水平叠加道数
    header.duse=fread(FID,1,'short');         %数据类型 1 = 生产；2 = 试验
    header.offset=fread(FID,1,'int');         %炮检距
    header.gelev=fread(FID,1,'int');          %接收点高程
    header.selev=fread(FID,1,'int');          %炮点的地面高程
    header.sdepth=fread(FID,1,'int');         %炮点低于地面的深度
    header.gdel=fread(FID,1,'int');           %接收点的基准面高程
    header.sdel=fread(FID,1,'int');           %炮点的基准面高程
    header.swdep=fread(FID,1,'int');          %炮点的水深
    header.gwdep=fread(FID,1,'int');          %接收点的水深
    header.scalel=fread(FID,1,'short');
    header.scalco=fread(FID,1,'short');
    header.sx=fread(FID,1,'int');             %炮点的坐标 X
    header.sy=fread(FID,1,'int');             %炮点的坐标 Y
    header.gx=fread(FID,1,'int');             %检波点的坐标 X
    header.gy=fread(FID,1,'int');             %检波点的坐标 Y
    header.counit=fread(FID,1,'short');       %坐标单位
    header.wevel=fread(FID,1,'short');        %风化层速度
```

```
header.swevel=fread(FID,1,'short');      %降速层速度
header.sut=fread(FID,1,'short');         %震源处的井口时间
header.gut=fread(FID,1,'short');         %接收点处的井口时间
header.sstat=fread(FID,1,'short');       %炮点的静校正
header.gstat=fread(FID,1,'short');       %接收点的静校正
header.tstat=fread(FID,1,'short');       %应用的总静校正量
header.laga=fread(FID,1,'short');        %延迟时间 A
header.lagb=fread(FID,1,'short');        %延迟时间 B
header.delrt=fread(FID,1,'short');       %延迟时间、起爆时间和开始记录时间
header.muts=fread(FID,1,'short');        %起始切除时间
header.mute=fread(FID,1,'short');        %结束切除时间
header.ns=fread(FID,1,'short');          %采样点数
header.dt=fread(FID,1,'short');          %采样间隔
header.gain=fread(FID,1,'short');        %野外仪器的增益类型
header.igc=fread(FID,1,'short');         %仪器增益常数
header.igi=fread(FID,1,'short');         %仪器起始增益
header.corr=fread(FID,1,'short');        %相关码
header.sfs=fread(FID,1,'short');         %起始扫描频率
header.sfe=fread(FID,1,'short');         %结束扫描频率
header.slen=fread(FID,1,'short');        %扫描长度
header.styp=fread(FID,1,'short');        %扫描类型
header.stas=fread(FID,1,'short');        %扫描道起始斜坡长度
header.stae=fread(FID,1,'short');        %扫描道终止斜坡长度
header.tatyp=fread(FID,1,'short');       %斜坡类型
header.afilf=fread(FID,1,'short');       %滤假频的频率 1
header.afils=fread(FID,1,'short');       %滤假频的斜率 2
header.nofilf=fread(FID,1,'short');      %限波滤波器频率
header.nofils=fread(FID,1,'short');      %限波斜率
header.lcf=fread(FID,1,'short');         %低截频率
header.hcf=fread(FID,1,'short');         %高截频率
header.lcs=fread(FID,1,'short');         %低截频率的斜率
header.hcs=fread(FID,1,'short');         %高截频率的斜率
header.year=fread(FID,1,'short');        %数据记录的年
header.day=fread(FID,1,'short');         %数据记录的日
header.hour=fread(FID,1,'short');        %数据记录的时
header.minute=fread(FID,1,'short');      %数据记录的分
header.sec=fread(FID,1,'short');         %数据记录的秒
header.timbas=fread(FID,1,'short');      %时间代码
header.trwf=fread(FID,1,'short');        %道加权因子
```

```
header.grnors=fread(FID,1,'short');       %覆盖开关位置 1 的检波器道号
header.grnofr=fread(FID,1,'short');       %第一道检波器串号
header.grnlof=fread(FID,1,'short');       %最后一道检波器串号
header.gaps=fread(FID,1,'short');         %缺口大小
header.otrav=fread(FID,1,'short');        %覆盖斜坡位置
header.d1=fread(FID,1,'float');
header.f1=fread(FID,1,'float');
header.d2=fread(FID,1,'float');
header.f2=fread(FID,1,'float');
header.ungpow=fread(FID,1,'float');
header.unscale=fread(FID,1,'float');
header.ntr=fread(FID,1,'int');
header.mark=fread(FID,1,'short');
header.unass=fread(FID,15,'short');
```

10.1.3 地震数据的显示方式

地震数据通常的显示方式有波形显示、变面积显示、变密度显示及波形加变面积显示。

1. 主程序

下面是显示地震数据的主程序，调用了四个子程序，分别是：读取地震数据的程序、变密度显示子程序、波形加变面积显示子程序以及波形显示子程序。

```
% 主程序
[D,H,ns,dt] = readsegy('seismic.sgy');
close all;
density(D,dt);  %变密度显示
wigb(D,dt);     %波形＋变面积显示
wave(D,dt);     %波形显示
```

2. 读地震数据子程序

```
function [D,H,ns,dt] = readsegy(filename)
%READSEGY: 读无卷头的 SEG-Y 文件
%  输入 filename: 文件名
%  输出 D:        数据矩阵
%       H:        道头结构体
%       ns:       采样点数
%       dt:       采样间隔
%  例如:    [D,H,ns,dt] = readsegy('test.sgy')
    FID = fopen(filename,'rb');             % 打开二进制文件
```

```
        status = fseek(FID,114,'bof');                %相对文件开头跳过 COUNT.NS 字节
                                                      % 114/2=57;字节 58 放置道长，字节 59 放置采样率
        ns = fread(FID,1,'short');                    %从第一道读取采样点数
        dt = fread(FID,1,'short');                    %从第一道读取采样间隔
        max_traces=9999999;                           %最大可读入的道数
        disp('开始读入数据...');
        for k =1:max_traces
            position = (60+ns)*(k-1)*4+240;           %文件指针跳转的字节长度
            status = fseek(FID,position,'bof');
                                                      %文件指针跳转相应字节，并返回执行状态
            if status == 0                            %若返回值为非零值，则说明文件结束，函数返回
                trace = fread(FID,ns,'float');        %读入一道数据
                D(:,k)   = trace(:);                  %将一道数据赋给数据 D
                H(k)   = header(FID,ns,k);            %读入道头数据写入结构数组 H
            else
               return;
            end
        end
        fclose(FID);
```

3. 波形显示子程序

```
function wave (a,dt,scal,x,y,a_max)
%WAVE: 绘制地震数据波形图
%   输入 a: 数据矩阵
%           dt:采样间隔
%           x: x 坐标标注(如炮号、偏移距等)
%           y: y 坐标标注(到达时间)
%           scal:放大因子
%           a_max:数据归一化因子
%   例如:   wave (a,dt);
if nargin == 0,
    nx=10;
    ny=10;
    dt=1;
    a = rand(ny,nx)-0.5;
end;
[ny,nx]=size(a);
x=1:nx;
y=1:ny;
```

```
tr_max= max(abs(a));
if (nargin <= 5);
    a_max=mean(tr_max);
end;
if (nargin <= 3);
    xxticklabel=[1:nx];
    yyticklabel=[1:ny]*(dt/1000.0);
else
    xxticklabel=x;
    yyticklabel=y;
end;
if (nargin <= 2);
    scal =1;
end;
if nx <= 1;
    disp(' 警告: nx  必须至少是 1');
    return;
end;
a = a/a_max;      %归一化
a = a * scal;
for i=1:nx
    a(:,i)=a(:,i)+i;
end;
%绘制曲线图
figure('name','波形图');
plot(a,y,'color',[0 0 0]),
%得到默认的坐标刻度位置
xtick=get(gca, 'XTick')
ytick=get(gca, 'YTick');
%得到默认的坐标刻度个数
xticknum=size(xtick,2);
yticknum=size(ytick,2);
%设置默认 x 轴坐标刻度所对应的标注值
if xtick(1)==0,
    xtick(1)=1;
    xticklabel(1)=xxticklabel(1);
    for i=2:xticknum,
        if xtick(i)>nx
            xticklabel(i)=nx;
```

```
            else
                xticklabel(i)=xxticklabel(xtick(i));
            end;
        end;
else
        for i=1:xticknum,
            if xtick(i)>nx
                xticklabel(i)=nx;
            else
                xticklabel(i)=xxticklabel(xtick(i));
            end;
        end;
end;
%设置默认 y 轴坐标刻度所对应的标注值
if ytick(1)==0,
        ytick(1)=1;
        yticklabel(1)=0;
        for i=2:yticknum,
            if ytick(i)>ny
                yticklabel(i)=ny;
            else
                yticklabel(i)=yyticklabel(ytick(i));
            end;
        end;
else
        for i=1:yticknum,
            if ytick(i)>ny
                yticklabel(i)=ny;
            else
                yticklabel(i)=yyticklabel(ytick(i));
            end;
        end;
end;
%设置图形属性
set(gca,'NextPlot','add','Box','on', ...
  'FontWeight','bold' , ...
  'LineWidth',2.0 , ...
  'TickDir','in', ...
  'Layer','top', ...
```

```
    'XAxisLocation', 'top', ...
    'XLim', [0 nx+1], ...
    'YDir','reverse', ...
    'YLim',[0 ny], ...
    'XTick',xtick, ...
    'XTickLabel',xticklabel, ...
    'YTick',ytick, ...
    'YTickLabel',yticklabel);
ylabel('时间(ms) ');
```

4. 波形加变面积显示子程序

```
function wigb(a,dt,scal,x,y,a_max)
%WIGB: 绘制地震数据波形+变面积图
%   输入 a: 数据矩阵
%        dt:采样间隔
%        x: x 坐标标注(如炮号、偏移距等)
%        y: y 坐标标注(到达时间)
%        scal:放大因子
%        a_max:数据归一化因子
if   nargin == 0,
        nx=10;
        ny=10;
        dt=1;
        a = rand(ny,nx)-0.5;
end;
[ny,nx]=size(a);
x=1:nx;
y=1:ny;
tr_max= max(abs(a));
if (nargin <= 5);
      a_max=mean(tr_max);
end;
if (nargin <= 3);
      xxticklabel=[1:nx];
      yyticklabel=[1:ny]*(dt/1000.0);
else
      xxticklabel=x;
      yyticklabel=y;
end;
```

```
if (nargin <= 2);
    scal =1;
end;
if nx <= 1;
    disp(' 警告: nx 必须至少是 1');
    return;
end;
if scal == 0;
    scal=1;
end;
a = a/a_max; %归一化
a = a * scal;
for i=1:nx
    a(:,i)=a(:,i)+i;
end;
%绘制波形+变面积图
figure('name','波形+变面积图');
for i=1:nx;
    tempx=[i;a(:,i);i];
    tempy=[0,y,ny];
    patch(tempx,tempy,[1 0 0]);
    tempx=[i+1;a(:,i);i+1];
    tempy=[0,y,ny];
    patch(tempx,tempy,[1 1 1]);
end;
%得到默认的坐标刻度位置
xtick=get(gca, 'XTick');
ytick=get(gca, 'YTick');
%得到默认的坐标刻度个数
xticknum=size(xtick,2);
yticknum=size(ytick,2);
%设置默认 x 轴坐标刻度所对应的标注值
if xtick(1)==0,
    xtick(1)=1;
    xticklabel(1)=xxticklabel(1);
    for i=2:xticknum,
        if xtick(i)>nx
            xticklabel(i)=nx;
        else
```

```
            xticklabel(i)=xxticklabel(xtick(i));
        end;
    end;
else
    for i=1:xticknum,
        if xtick(i)>nx
            xticklabel(i)=nx;
        else
            xticklabel(i)=xxticklabel(xtick(i));
        end;
    end;
end;
%设置默认 y 轴坐标刻度所对应的标注值
if ytick(1)==0,
    ytick(1)=1;
    yticklabel(1)=0;
    for i=2:yticknum,
        if ytick(i)>ny
            yticklabel(i)=ny;
        else
            yticklabel(i)=yyticklabel(ytick(i));
        end;
    end;
else
    for i=1:yticknum,
        if ytick(i)>ny
            yticklabel(i)=ny;
        else
            yticklabel(i)=yyticklabel(ytick(i));
        end;
    end;
end;
%设置图形属性
set(gca,'NextPlot','add','Box','on', ...
  'FontWeight','bold' , ...
  'LineWidth',2 , ...
  'TickDir','in', ...
  'Layer','top', ...
```

```
    'XAxisLocation', 'top', ...
    'XLim', [0 nx+1], ...
    'YDir','reverse', ...
    'YLim',[0 ny], ...
    'XTick',xtick, ...
    'XTickLabel',xticklabel, ...
    'YTick',ytick, ...
    'YTickLabel',yticklabel);
ylabel('时间(ms) ');
```

5. 变密度显示子程序

```
function density (a,dt,x,y,a_max)
%DENSITY: 绘制地震数据变密度图
%   输入 a: 数据矩阵
%          dt:采样间隔
%          x: x 坐标标注(如炮号、偏移距等)
%          y: y 坐标标注(到达时间)
%          a_max:数据归一化因子
%   例如:  density (a,dt);
if nargin == 0,
    nx=10;
    ny=10;
    dt=1;
    a = rand(ny,nx)-0.5;
end;
[ny,nx]=size(a);
x=1:nx;
y=1:ny;
tr_max= max(abs(a));
if (nargin <= 4);
    a_max=mean(tr_max);
end;
if (nargin <= 2);
    xxticklabel=[1:nx];
    yyticklabel=[1:ny]*(dt/1000.0);
else
    xxticklabel=x;
    yyticklabel=y;
```

```
end;
if nx <= 1;
    disp(' 警告: nx 必须至少是 1');
    return;
end;
a = a/a_max;                %数据归一化
%绘制网格图
figure('name','变密度图');
colormap(gray) ;            %设置填充色板
pcolor(linspace(0,nx+1,nx),y,a);
shading flat;               %去除网格线
shading interp;             %图像插值
%得到默认的坐标刻度位置
xtick=get(gca, 'XTick');
ytick=get(gca, 'YTick');
%得到默认的坐标刻度个数
xticknum=size(xtick,2);
yticknum=size(ytick,2);
%设置默认 x 轴坐标刻度所对应的标注值
if xtick(1)==0,
    xtick(1)=1;
    xticklabel(1)=xxticklabel(1);
    for i=2:xticknum,
        if xtick(i)>nx
            xticklabel(i)=nx;
        else
            xticklabel(i)=xxticklabel(xtick(i));
        end;
    end;
else
    for i=1:xticknum,
        if xtick(i)>nx
            xticklabel(i)=nx;
        else
            xticklabel(i)=xxticklabel(xtick(i));
        end;
    end;
end;
```

```
%设置默认 y 轴坐标刻度所对应的标注值
if ytick(1)==0,
    ytick(1)=1;
    yticklabel(1)=0;
    for i=2:yticknum,
        if ytick(i)>ny
            yticklabel(i)=ny;
        else
            yticklabel(i)=yyticklabel(ytick(i));
        end;
    end;
else
    for i=1:yticknum,
        if ytick(i)>ny
            yticklabel(i)=ny;
        else
            yticklabel(i)=yyticklabel(ytick(i));
        end;
    end;
end;
%设置图形属性
set(gca,'NextPlot','add','Box','on', ...
  'FontWeight','bold' , ...
  'LineWidth',2.5 , ...
  'TickDir','in', ...
  'Layer','top', ...
  'XAxisLocation', 'top', ...
  'XLim', [0 nx+1], ...
  'YDir','reverse', ...
  'YLim',[0 ny], ...
  'XTick',xtick, ...
  'XTickLabel',xticklabel, ...
  'YTick',ytick, ...
  'YTickLabel',yticklabel);
ylabel('时间(ms) ');
```

6. 运行主程序，显示地震剖面

运行结果如图 10.1～图 10.3 所示。

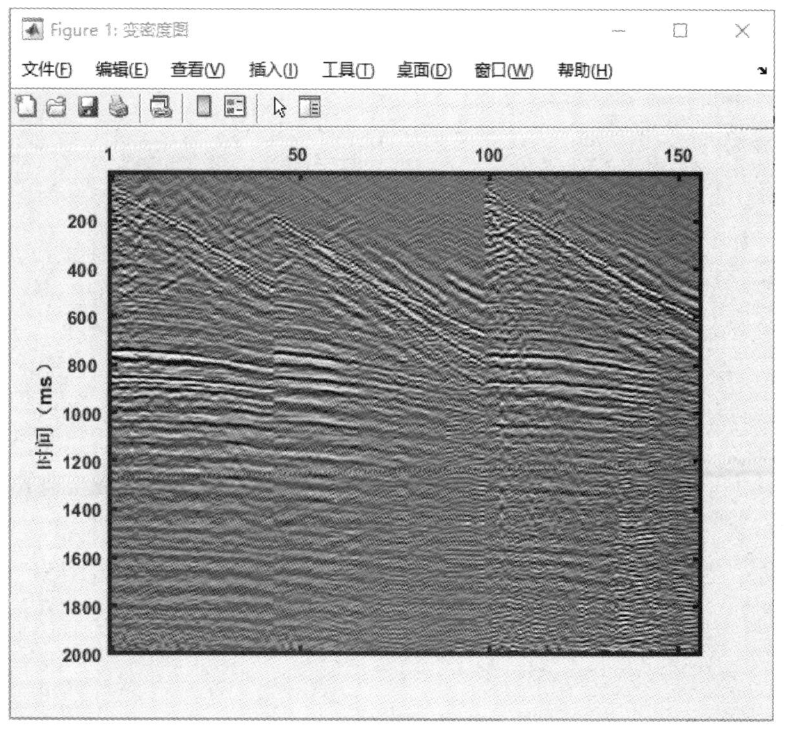

图 10.1　地震剖面的变密度显示

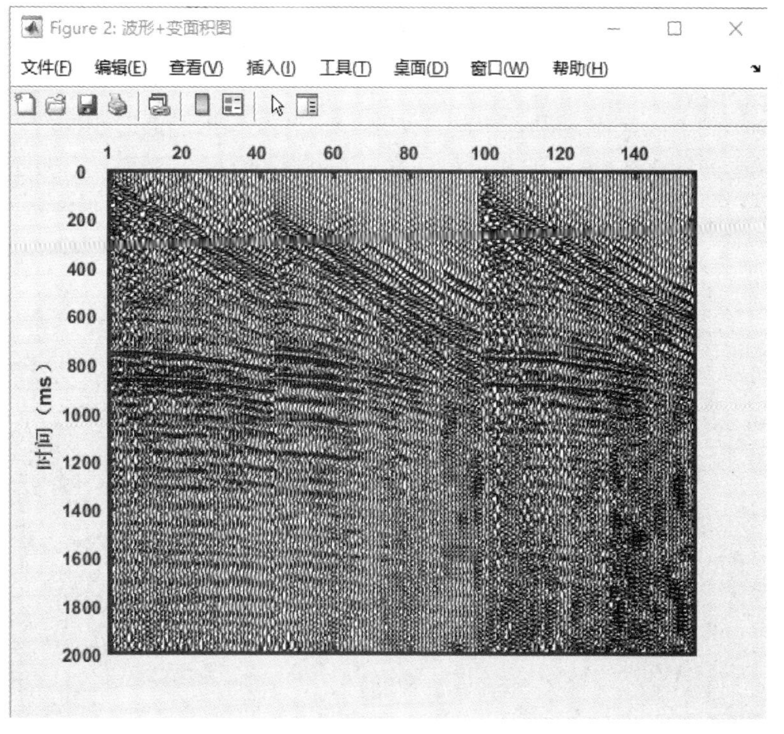

图 10.2　地震剖面的波形加变面积显示

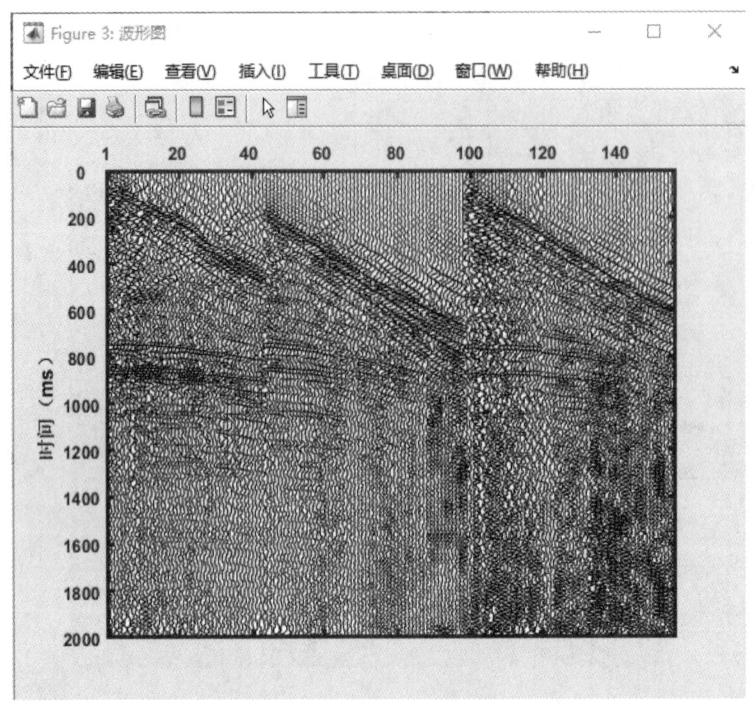

图 10.3　地震剖面的波形显示

10.2　MATLAB 绘制地震波时距曲线

在同一坐标轴下绘制地震勘探中的直达波、反射波和折射波时距曲线，可以直观地显示三条曲线之间的关系(直达波和反射波在远炮检距处相切，折射波和反射波在盲区边界点相切)。在下面的实例中，给定模型参数，用不同颜色绘制三条曲线。

【程序】

```
%直达波、折射波、反射波绘图
v1=3300;v0=2000;
h=500;
x=0:20:10000;
t1=x./v0;
t2=sqrt(x.^2+4*h^2)./v0;
i=asin(v0/v1);
t3=2*h/(v0*cos(i))+x./v1-2*h*tan(i)/v1;
for j=1:1:length(x)
    if x(j)<2*h*tan(i)
        t3(j)=NaN;
    end
end
```

```
plot(x,t1,'r-',x,t2,'b-',x,t3,'g-','LineWidth',1.5);
legend('直达波','反射波','折射波','Location','NorthWest','FontSize',12)
title('\fontsize{15}时距曲线')
```

运行结果如图 10.4 所示。

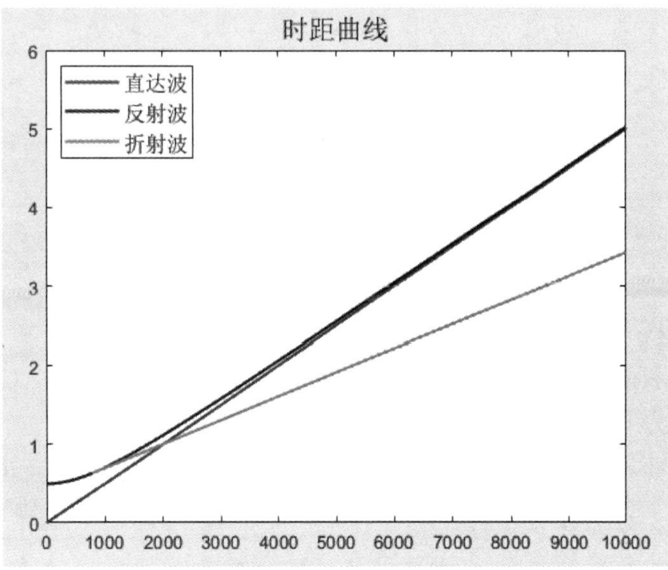

图 10.4　直达波、反射波和折射波关系示意图

10.3　褶积定理验证

褶积定理是指两个信号的褶积等于两个信号傅里叶变换(FFT)的乘积的反傅里叶变换。

【程序】

```
%褶积定理验证
i=[ 0:0.1:4*pi];
x=1.5*sin(i);
y=rand(1,40);
subplot(2,2,1)
plot(1:length(x),x)
xlabel('\fontsize{12}(a)sig1')
axis tight
subplot(2,2,2)
plot(1:length(y),y)
xlabel('\fontsize{12}(b)sig2')
axis tight
```

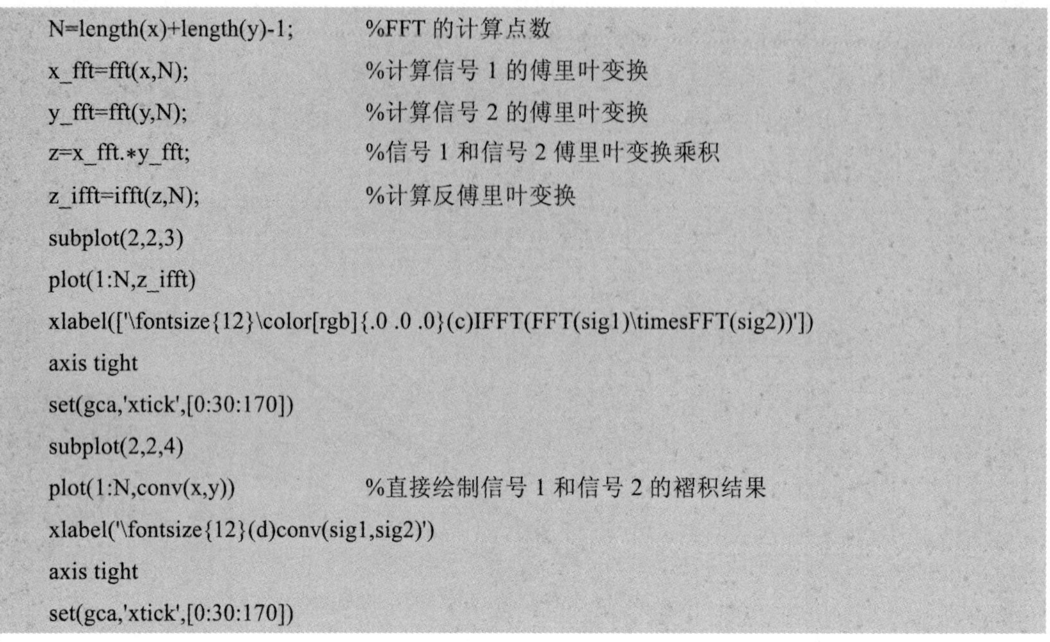

```
N=length(x)+length(y)-1;          %FFT 的计算点数
x_fft=fft(x,N);                   %计算信号 1 的傅里叶变换
y_fft=fft(y,N);                   %计算信号 2 的傅里叶变换
z=x_fft.*y_fft;                   %信号 1 和信号 2 傅里叶变换乘积
z_ifft=ifft(z,N);                 %计算反傅里叶变换
subplot(2,2,3)
plot(1:N,z_ifft)
xlabel(['\fontsize{12}\color[rgb]{.0 .0 .0}(c)IFFT(FFT(sig1)\timesFFT(sig2))'])
axis tight
set(gca,'xtick',[0:30:170])
subplot(2,2,4)
plot(1:N,conv(x,y))               %直接绘制信号 1 和信号 2 的褶积结果
xlabel('\fontsize{12}(d)conv(sig1,sig2)')
axis tight
set(gca,'xtick',[0:30:170])
```

运行结果如图 10.5 所示。图 10.5(c)和(d)的结果完全相同，验证了褶积定理。

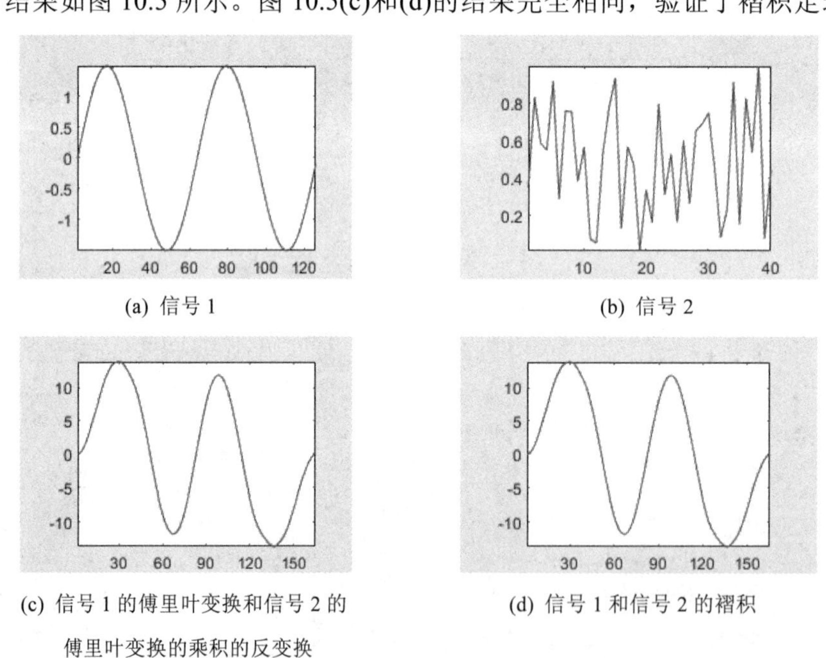

(a) 信号 1　　(b) 信号 2

(c) 信号 1 的傅里叶变换和信号 2 的傅里叶变换的乘积的反变换　　(d) 信号 1 和信号 2 的褶积

图 10.5　褶积定理验证图

10.4　傅里叶变换

傅里叶原理表明：任何连续测量的时序或信号，都可以表示为不同频率的正弦波信号的无限叠加。而根据该原理创立的傅里叶变换算法，可以利用直接测量到的原始信号，

以累加的方式来计算该信号中不同正弦波信号的频率、振幅和相位。

MATLAB 中傅里叶变换的函数是 fft。其调用格式如下：

(1) 调用格式 1：

fft(X)

功能：返回向量 X 的离散傅里叶变换。设 X 的长度(即元素个数)为 N，若 N 为 2 的幂次，则为以 2 为基数的快速傅里叶变换，否则为运算速度很慢的非 2 幂次的算法。对于矩阵 X，fft(X)应用于矩阵的每一列。

(2) 调用格式 2：

fft(X,N)

功能：计算 N 点离散傅里叶变换。它限定向量的长度为 N，若 X 的长度小于 N，则不足部分补上零；若 X 的长度大于 N，则删去超出 N 的那些元素。对于矩阵 X，它同样应用于矩阵的每一列，只是限定了向量的长度为 N。

(3) 调用格式 3：

fft(X,[],dim)或 fft(X,N,dim)

功能：这是对于矩阵而言的函数调用格式，前者的功能与 FFT(X)基本相同，而后者则与 FFT(X,N)基本相同。

只是当参数 dim = 1 时，该函数作用于 X 的每一列；当 dim = 2 时，则作用于 X 的每一行。

值得一提的是，当已知给出的样本数 N_0 不是 2 的幂次时，可以取一个 N 使它大于 N_0 且是 2 的幂次，然后利用函数格式 fft(X，N)或 fft(X，N，dim)便可进行快速傅里叶变换。这样，计算速度将大大加快。相应地，一维离散傅里叶逆变换函数是 ifft。ifft(F)是返回 F 的一维离散傅里叶逆变换；ifft(F，N)为 N 点的逆变换；ifft(F，[]，dim)或 ifft(F，N，dim)则由 N 或 dim 确定逆变换的点数或操作方向。

例 10.1 给定数学函数 $x(t) = 12\sin(2\pi \times 10t + \pi/6) + 6\cos(2\pi \times 60t)$。取 $N = 128$，试对 t 从 0 至 1 s 采样，用 fft 作快速傅里叶变换，绘制相应的振幅—频率图。

【程序】

```
>>N=128;                                         %采样点数
>>T=1;                                           %采样时间终点
>>t=linspace(0,T,N);                             %给出 N 个采样时间 ti(I=1:N)
>>x=12*sin(2*pi*10*t+pi/6)+6*cos(2*pi*60*t);     %求各采样点样本值 x
>>dt=t(2)-t(1);                                  %采样周期
>>f=1/dt;                                        %采样频率(Hz)
>>X=fft(x);                                      %计算 x 的快速傅里叶变换 X
>>F=X(1:N/2+1); % F(k)=X(k)(k=1:N/2+1)
>>f=f*(0:N/2)/N;                                 %使频率轴 f 从零开始
>>plot(f,abs(F),'-*')                            %绘制振幅—频率图
>>xlabel('Frequency');
>>ylabel('|F(k)|')
```

运行结果如图 10.6 所示。展示出信号的频率是 10 Hz 和 60 Hz。

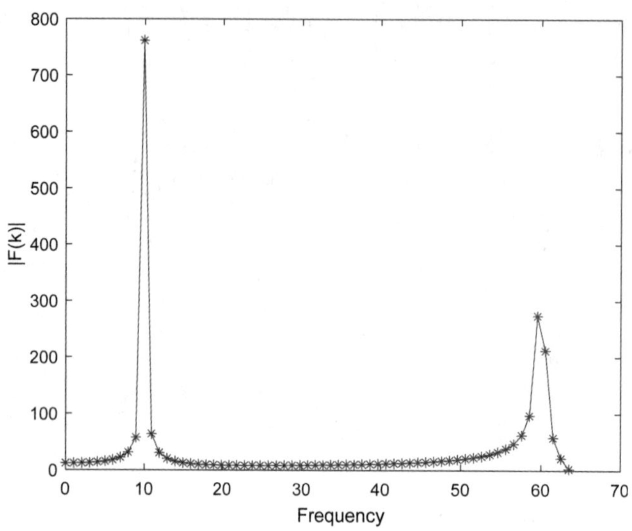

图 10.6　给定函数的振幅谱图

参 考 文 献

[1] 张威. MATLAB 基础与编程入门. 3 版. 西安：西安电子科技大学出版社，2017.

[2] 陈怀琛. MATLAB 及其在理工课程中的应用指南. 4 版. 西安：西安电子科技大学出版社，2018.

[3] 张志涌，杨祖樱，等. MATLAB 教程. 北京：北京航空航天大学出版社，2015.

[4] 导向科技. MATLAB6.0 程序设计与实例应用. 北京：中国铁道出版社，2001.